21世纪高职高专财经院校金融职业技能训练系列教材

计算机汉字输入技能

——五笔字型汉字录入

主　编　郭川军
副主编　李　俭　侯菡苕

中国金融出版社

责任编辑：彭元勋
责任校对：张志文
责任印制：丁淮宾

图书在版编目（CIP）数据

计算机汉字输入技能（Jisuanji Hanzi Shuru Jineng）/郭川军主编. —北京：中国金融出版社，2009.9
（21世纪高职高专财经院校金融职业技能训练系列教材）
ISBN 978-7-5049-5235-6

Ⅰ.计… Ⅱ.郭… Ⅲ.汉字编码，五笔字型—输入—高等学校：技术学校—教材 Ⅳ.TP391.14

中国版本图书馆 CIP 数据核字（2009）第 159836 号

出版 发行	中国金融出版社
社址	北京市丰台区益泽路2号
市场开发部	（010）63266347，63805472，63439533（传真）
网上书店	http://www.chinafph.com
	（010）63286832，63365686（传真）
读者服务部	（010）66070833，62568380
邮编	100071
经销	新华书店
印刷	北京市松源印刷有限公司
尺寸	148 毫米 × 210 毫米
印张	6.5
字数	158 千
版次	2009 年 9 月第 1 版
印次	2014 年 8 月第 3 次印刷
印数	6001—8000
定价	14.00 元

ISBN 978-7-5049-5235-6/F.4795
如出现印装错误本社负责调换　联系电话（010）63263947

21 世纪高职高专财经院校
金融职业技能训练系列教材
专家编审委员会

主　任　李高贵

副主任　金绍珍

委　员　(按姓氏拼音顺序排名)

　　　　刘东辉　孙　莉　吴治成

　　　　解晨光　张铁军

总　　序

　　培养高等技术应用型专门人才和高素质的劳动者是高职高专院校的根本任务，也是高职高专教育发展的自身规律要求。要使金融类专科院校培养的专门人才在激烈的社会竞争中立于不败之地，就要突出培养特色，让学生掌握实用性强的应用技能，如财经基本技能、计算机应用能力、金融实用文写作与口语交际能力以及金融英语会话能力。

　　根据我们哈尔滨金融高等专科学校多年的专科教育实践经验，并结合对我校毕业生的回访和调研，我们更加充分地认识到，我校长期重视学生职业技能的培养，为毕业生的职业发展、职业流动和可持续发展奠定了坚实的基础。因此，在教学实践中进一步全面提升学生技能培养水平，这是高职高专院校人才培养模式的内在要求，是学校长远发展的需要，是社会对人才的要求，是学生自身发展的需求。为了实现学校的跨越式发展，理性应对金融危机对学生就业的影响与挑战，根据人才培养目标和办学特色要求以及新世纪人才技能培养的要求，我校提出了各专业学生技能培养要达到"五能"、"三好"的目标。

　　"五能"即计算机应用能力（包括五笔字型汉字输入、Microsoft Word 文档、Microsoft Excel 表格、Microsoft Point 演示文稿、Internet 等的应用）、小键盘数字录入并翻打会计凭证能力、识别假钞和点钞能力、金融实用文写作能力、金融英语会话能力。"三好"即好口才、好文字、好仪容。

为实现"五能"、"三好"的培养目标,根据设置的相应课程的需要,我校编写了 21 世纪高职高专财经院校金融职业技能训练系列教材。本系列教材包括《计算机汉字输入技能——五笔字型汉字录入》、《财经基本技能》、《金融实用文写作》、《金融英语经典语句与会话》等。

本系列教材突出了实用、全面、创新的特点。教材中提供的理论知识以实用、够用为原则,对相应的理论知识进行了简化,突出了实践技能的指导和训练,设计了实用、合理的实训内容,实用性强。教材所选择的内容都是目前高职高专学生急需加强的技能,而且技能的培养是全方位的。总之,本系列教材在理念、思路、方法和手段上都有所创新,适用于各类高职高专院校。

我们要感谢中国金融出版社的大力支持,感谢参加本系列教材编写和审稿的各位老师所付出的大量卓有成效的辛勤劳动。由于编写时间仓促,本系列教材仍存在一些不足和疏漏。我们相信,在各位老师的关心和帮助下,本系列教材一定能够不断改进和完善,并在高职高专财经金融类学科专业的教学改革和课程体系建设上发挥应有的促进作用。

前　言

目前已经进入了信息时代，随着计算机科学的飞速发展，计算机的应用已经渗入社会生产、生活的各个领域，键盘打字是计算机输入的主要方式，并且成为人们日常生活中必不可少的一项内容，提高计算机的文字录入速度，就可以提高工作效率。

五笔字型输入法是目前输入速度最快、出错率最低的汉字输入法之一。本教材以目前最流行的86版王码五笔字型输入法为基础进行讲解，主要内容包括：键盘操作和指法练习、五笔字型基础知识、五笔字型的字根、汉字的拆分与输入、简码和词组的输入、造字和输入特殊字符、五笔字型输入法的属性设置等知识。书末附有常用汉字五笔编码速查表，以供读者查询。

本教材内容浅显易懂，各种汉字编码规则、重点、难点一目了然，特色鲜明，总结了字根分布规律及输入汉字的诀窍，为读者记忆字根分布及输入方法提供了捷径。每章都有学习要点、本章小结及适量习题和上机操作，既方便教师教学，更有利于读者对知识的理解、练习和掌握，从而达到熟能生巧的目的。本书可作为职业学校和计算机专业录入人员教学用教材，还可作为五笔字型输入法初学者的自学教材。

本教材由郭川军担任主编，李俭、侯菡苕担任副主编，各章编写分工如下：第1章和第6章由侯菡苕编写，第2章由王梦菊编写，第3章和第5章由郭川军编写，第4章由李俭编写，刘明刚、李康乐、南洋、李凌霞参加了附录"常用汉字五笔编码速查表"的编写工作。全书由郭川军统一编排定稿。

  本书编者都是多年从事本课程教学的教师，但由于时间仓促，不妥与疏漏之处敬请广大读者批评指正。

编者

2009 年 8 月

目　录

第1章　键盘操作与指法练习 ·· 1
1.1　键盘简介 ·· 1
1.2　键盘基本分区 ·· 2
  一、主键盘区 ·· 3
  二、功能键区 ·· 5
  三、编辑键区 ·· 5
  四、数字键区 ·· 6
  五、状态指示区 ··· 6
1.3　键盘操作规则 ·· 7
  一、正确坐姿 ·· 7
  二、标准指法 ·· 7
  三、击键要领与技巧 ·· 9
1.4　键盘指法练习 ·· 10
  一、基准键练习 ··· 10
  二、食指的练习 ··· 10
  三、中指的练习 ··· 10
  四、无名指的练习 ·· 11
  五、小指的练习 ··· 11
本章小结 ··· 11
练习与提高 ··· 12

第2章 汉字输入法简介 ………………………………… 14
2.1 中文输入法简介 …………………………………… 14
一、中文输入法的种类 ………………………………… 14
二、五笔字型输入法的特点 …………………………… 15
2.2 五笔字型输入法设置 …………………………… 16
一、设置默认输入法 …………………………………… 17
二、输入法设置 ………………………………………… 18
三、五笔字型输入法状态条的设置 …………………… 22
四、编辑新词 …………………………………………… 22
五、输入法的切换 ……………………………………… 23
2.3 98版五笔字型简介 ……………………………… 25
一、98版五笔字型的特点 ……………………………… 25
二、98版五笔字型与86版五笔字型的主要区别 ……… 26
本章小结 …………………………………………………… 26
练习与提高 ………………………………………………… 27

第3章 五笔字型基础知识 …………………………… 29
3.1 汉字的基本结构 ………………………………… 29
一、汉字的五种基本笔画 ……………………………… 29
二、汉字的三种字型结构 ……………………………… 30
3.2 86版五笔字根及分布 …………………………… 32
一、字根的键盘布局 …………………………………… 32
二、字根助记词 ………………………………………… 33
三、字根的键位特征 …………………………………… 38
四、汉字字根之间的位置关系 ………………………… 39
本章小结 …………………………………………………… 40
练习与提高 ………………………………………………… 40

第4章 汉字的拆分与输入 ········· 42
4.1 五笔字型的拆分规则 ········· 42
一、书写顺序 ················· 42
二、取大优先 ················· 43
三、兼顾直观 ················· 44
四、能散不连 ················· 44
五、能连不交 ················· 45
4.2 汉字输入 ····················· 45
一、输入键名字 ············· 45
二、输入成字字根汉字 ··· 46
三、输入普通汉字 ········· 47
4.3 难拆分汉字 ················· 52
本章小结 ······················· 52
练习与提高 ··················· 53

第5章 汉字录入快速提高 ········· 56
5.1 五笔字型的简码输入 ····· 56
一、一级简码 ················· 56
二、二级简码 ················· 57
三、三级简码 ················· 58
5.2 词组输入 ····················· 58
一、两字词组录入 ········· 59
二、三字词组录入 ········· 59
三、四字词组录入 ········· 59
四、多字词组录入 ········· 59
5.3 万能键（Z） ················· 60
本章小结 ······················· 60
练习与提高 ··················· 60

第 6 章　五笔打字练习软件 …………………………… 63
　6.1　"金山打字"的学前测试 ………………………… 63
　6.2　"金山打字"软件的使用功能 …………………… 66
　　一、英文打字 ………………………………………… 66
　　二、五笔打字 ………………………………………… 68
　　三、速度测试 ………………………………………… 69
　　四、打字游戏 ………………………………………… 73
　　本章小结 ……………………………………………… 75

附录　常用汉字五笔编码速查表 ……………………… 76

第1章 键盘操作与指法练习

学习要点

- 📖 键盘简介
- 📖 键盘分区
- 📖 键盘操作规则
- 📖 键盘指法练习

1.1 键盘简介

键盘是用户向计算机输入数据或命令的基本设备,是计算机使用最普遍的输入设备。通常按照键数可将键盘分成 101 键盘、104 键盘、107 键盘及多媒体键盘等类型;按照接口方式可分为 AT 键盘、PS/2 键盘、USB 键盘与无线键盘等类型。如图 1-1、图 1-2 及图 1-3 所示为多种类型键盘。

图 1-1 104 键盘、PS/2 键盘

图 1-2 多媒体键盘

图 1-3 无线键盘

在上述键盘中,101 键盘是 PC 机的标准键盘;104 键盘基本采用 101 键盘布局,又增设了 3 个用于 Windows 系统的控制键;107 键盘比 104 键多出了"睡眠"、"唤醒"、"开/关机"三个电源管理方面的按键;多媒体键盘时下非常流行,这类键盘大多是在 107 键盘的基础上额外增加了一些多媒体播放、Internet 访问、E-mail、资源管理器方面的快捷按键等。本章将以 104 键盘为例,详细讲述计算机键盘的使用方法和操作技巧。

1.2 键盘基本分区

计算机键盘中的全部键按其基本功能可分成四组,即键盘的四个分区:主键盘区、功能键区、编辑键区、数字键区,另外在键盘的右上角还有一个状态指示区,如图 1-4 所示。

主键盘区主要进行数字、文字输入以及常用的标点符号和控

第1章 键盘操作与指法练习

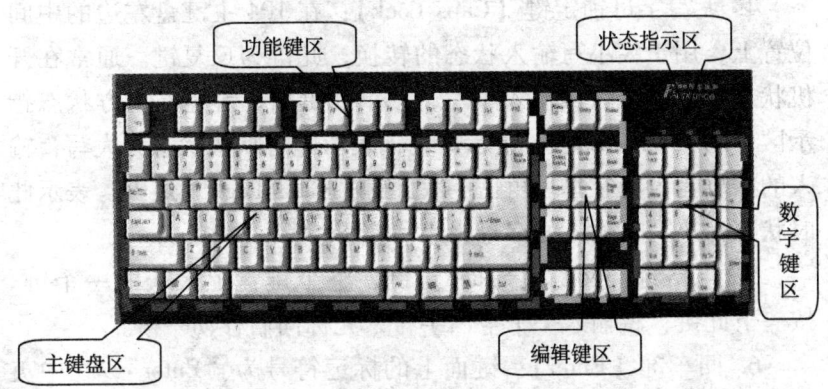

图1-4 104键盘的基本分区

制键;功能键区对不同的操作系统或软件具有不同的功能;编辑键区主要用做光标控制与文本编辑;数字键区主要进行数字输入或进行切换后作为编辑键使用;状态指示区中包括大小写状态、数字键盘开关状态等指示灯。下面依次对各键区进行讲解。

一、主键盘区

主键盘区包含26个英文字母、10个数字符号、各种标点符号、数学符号、特殊符号等47个字符键,还有若干个基本功能控制键。

1. 字母键:所有字母键在键面上均刻印有大写的英文字母,通常情况下,单击此键时输入下档小写英文字母,表示上档符号时为大写英文字母。

2. 数字键【0】~【9】:主键盘区第1行的一部分,单击输入键面数字。

3. 换档键【Shift】:主键盘区的第四排左右两边各一个换档键,其功能相同,用于上档符号的输入。操作时,先按住【Shift】换档键,再击其他键,输入该键的上档符号;不按换档键,直接击该键,则输入键面下档的符号。

4. 大写字母锁定键【Caps Lock】：在 104 主键盘左边的中间位置上，用于大小写输入状态的转换，此键为反复键。通常在开机状态下，系统默认输入小写，按下此键后，键盘右上方状态指示区中间 "Caps Lock" 指示灯亮，表示此时默认状态为大写，输入的字母为大写字母。再击一次此键 "Caps Lock" 灯灭，表示此时状态为小写，输入的字母为小写字母。

5. 空格键：又称【Space】键，整个键盘上最长的一个键。按一下此键，将输入一个空白字符，光标向右移动一格。

6. 回车键【Enter】：键面上的标记符号为 "Enter"，在中英文文字编辑软件中，此键具有换段功能；在 DOS 命令状态下，输入命令后按回车键表示确认命令并执行。

7. 跳格键【Tab】：键面上的标记符号为 "Tab"，用于快速移动光标。在制表格时，单击一下该键，使光标移到下一个制表位置，两个跳格位置的间隔一般为 8 个字符。

8. 控制键【Ctrl】：在主键盘区下方左右各一个，此键不能单独使用，与其他键配合使用可产生一些特定的功能，例如【Ctrl+C】为复制、【Ctrl+A】是全选。

9. 转换键【Alt】：在主键盘区下方左右各一个，该键同样不能单独使用，与其他键配合使用产生一些特定功能，例如在 Windows 操作中【Alt+F4】是关闭当前程序窗口。【Ctrl+Alt+Del】：重新启动系统（常称为热启动）。

10. 退格键【Back Space】：键面上的标记符号为 "Back Space" 或 "←"。按下此键将删除光标左侧的一个字符。

以下两个键专用于 Windows 操作系统。

11. Windows 徽标键：键面上的标记符号为 " "，功能是打开 "开始" 菜单。

12. 【Application】键：键面上的标记符号为 " "，此键通常和其他键配合使用，单独使用时的功能是弹出当前 Windows 对象的快捷菜单。

二、功能键区

功能键区也称专用键区,包含【F1】~【F12】及【Esc】共13个功能键,主要用于扩展键盘的输入控制功能,各个功能键的作用在不同的软件中通常有不同的定义。【Esc】键称为强行退出键,位于键盘顶行最左边。在操作系统和应用程序中,该键经常用来退出某一操作或正在执行的命令。

三、编辑键区

1. 插入键【Insert】:是"插入/改写"状态的切换键。在插入状态下,输入的字符插入到光标处,在此状态下按【Insert】键后变为改写状态,这时在光标处输入的字符将覆盖光标后的字符。系统默认为插入状态。

2. 删除键【Delete】:删除当前光标所在位置的字符。

3. 光标归首键【Home】:快速移动光标至当前编辑行的行首。

4. 光标归尾键【End】:快速移动光标至当前编辑行的行尾。

5. 上翻页键【Page Up】:光标快速上移一页,所在列不变。

6. 下翻页键【Page Down】:光标快速下移一页,所在列不变。

7. 光标左移键【←】:光标左移一个字符位置。

8. 光标右移键【→】:光标右移一个字符位置。

9. 光标上移键【↑】:光标上移一行,所在列不变。

10. 光标下移键【↓】:光标下移一行,所在列不变。

11. 屏幕拷贝键【Print Screen】:在Windows系统中,复制当前屏幕内容到剪贴板;若用【Alt + Print Screen】组合键,则是截取当前窗口的图像而不是整个屏幕。

12. 屏幕锁定键【Scroll Lock】：其功能是使屏幕暂停（锁定）/继续显示信息。当锁定有效时，键盘中的"Scroll Lock"指示灯亮。

13. 暂停键/中断键【Pause/Break】：键面上的标记符号为"Pause"。单独使用时是暂停键【Pause】，在进入操作系统前按此键后，自检界面显示的内容会暂停信息翻滚，之后按任意键可以继续。【Ctrl + Break】：中止计算机当前正在进行的操作（常用于中止计算机对命令或程序的执行）。

四、数字键区

数字键盘也称小键盘，主要用于数字符号的快速输入。在数字键盘中，各个数字符号键的分布紧凑、合理，适于单手操作，在录入内容为纯数字符号的文本时，使用数字键盘将比使用主键盘更方便，更有利于提高输入速度。

1. 数字锁定键【Num Lock】：此键用来控制数字键区的"数字/光标"控制键的状态。这是一个反复键，按下该键；键盘上的"Num Lock"灯亮，此时输入默认为是小键盘上的数字；再按一次【Num Lock】键，该指示灯灭，数字键作为光标移动键使用。

2. 插入键【Ins】：同前面的【Insert】键。

3. 删除键【Del】：同前面的【Delete】键。

五、状态指示区

状态指示区在键盘右上角位置，分别是"Num Lock"（数字键盘锁定指示）、"Caps Lock"（大小写字母锁定指示）、"Scroll Lock"（屏幕滚动锁定指示）。

1.3 键盘操作规则

正确的坐姿、标准的指法是提高汉字录入的基础。因此，在操作键盘之前，首先要学习键盘的操作规则和击键要领。

一、正确坐姿

打字开始前一定要端正坐姿，如果姿势不正确，不但会影响打字速度，还容易导致身体疲劳。正确的坐姿是：

1. 两脚平放，腰部挺直，两臂自然下垂，两肘贴于腋边。
2. 身体可略倾斜，离键盘的距离约为 20～30 厘米。
3. 打字教材或文稿放在键盘的左边，或用专用夹固定在显示器旁边。
4. 打字时眼观文稿，身体不要跟着倾斜。如图 1-5 所示。

二、标准指法

录入资料时除要保持正确的坐姿外，还要注意正确的击键方法，以提高录入速度。标准指法是指按字键使用频率的不同，合理分配给各手指的科学方法，如图 1-6 所示。

基准键位：ASDF（左手）JKL；（右手）为基准键位。如图 1-7 所示。基准键位是手指的常驻键位，击键时，各手指击打自己分管的键，手指移动击键后，立即回到基准键位上，准备好再次击键。

每个手指除了指定的基准键外，还分工有其他的字键，称为它的范围键。具体分工如下：

左手小拇指：1、Q、A、Z 和左手 Shift 键；
左手无名指：2、W、S 和 X 键；

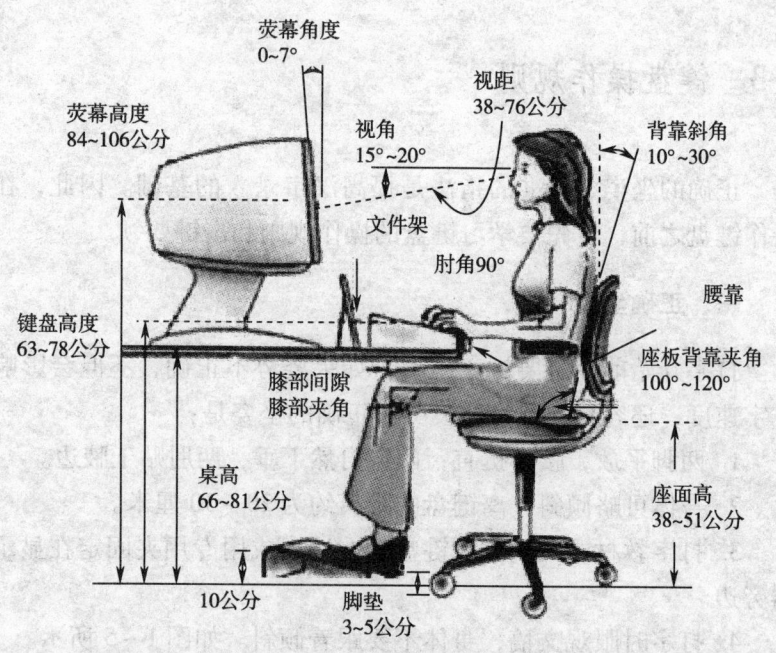

图 1-5 正确坐姿

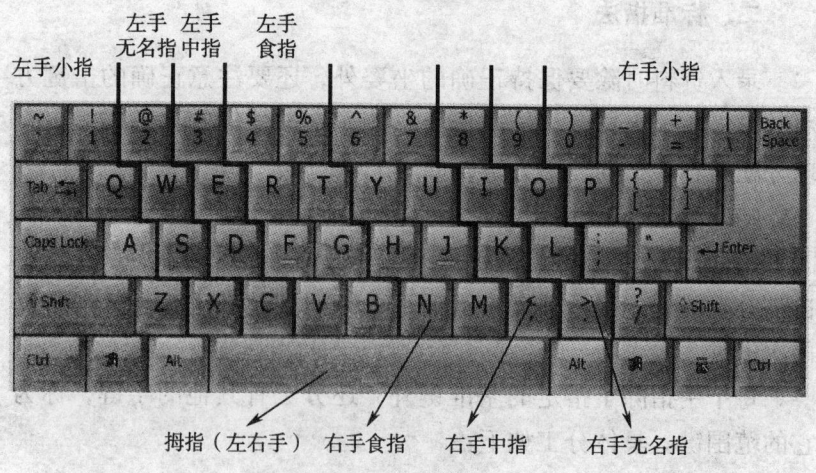

图 1-6 手指分管键位

第1章 键盘操作与指法练习

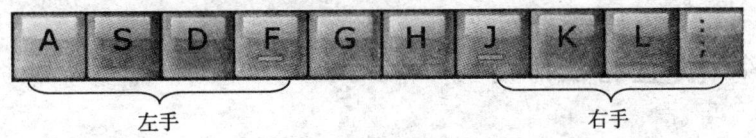

图1-7 基本键位

左手中指：3、E、D 和 C 键；
左手食指：4、R、F、V、5、T、G 和 B 键；
右手食指：6、Y、H、N、7、U、J 和 M 键；
右手中指：8、I、K 和，键；
右手无名指：9、O、L 和. 键；
右手小拇指：0、P、；、/、右 Shift 键和这些键右边的字符键及控制键；
左、右大拇指：空格键。

三、击键要领与技巧

在录入资料时，手指要自然弯曲，轻放在基准键位上面，大拇指置于空格键上，两臂轻轻抬起，不要使手掌接触到键盘或桌面。击键时不要长时间按住一个键不放，击键动作要轻快、干脆，不可用力过猛。

指法练习技巧：左右手指放在基准键上；击完它键迅速返回原位；食指击键注意键位角度；小指击键力量保持均匀。在进行训练时，要严格按各指的分工去击键，养成良好的习惯。进行打字练习时必须集中精力，充分做到手、脑、眼协调一致，尽量避免边看原稿边看键盘，这样容易分散记忆力，初级阶段的练习即使速度很慢，也一定要保证输入的准确。指法练习阶段就是一个由生到熟、由慢到快的逐步进行盲打，是一个循序渐进的过程，不能急躁。

1.4 键盘指法练习

指法练习是熟悉键位的基础,要勤于实践练习,以达到熟能生巧的效果。为提高计算机操作速度和操作质量,要养成良好的键盘操作习惯。盲打输入法是目前速度最快的一种键盘输入方式,要严格按照手指分工和击键规则进行文稿的输入。

一、基准键练习

将左手的食指放于"F"键上,右手的食指放于"J"键上,其余手指分别放在相应的基准键位上,输入基准键上的字母。

AAAA	FFFF	DDDD	SSSS	HHHH	GGGG	JJJJ
KKKK	SSSS	HHHH	LLLL	HHSS	JJFF	KKDD
AALL	ASDL	GHDJ	JKLS	KHGF	KKKK	SLKK

二、食指的练习

将左手的食指放于"F"键上,右手的食指放于"J"键上,其余手指分别放在相应的基准键位上,输入下面字符。

RRRR	TTTT	VVVV	UUUU	MMMM	NNNN	GGGG
4455	6677	4545	6767	6MV5	H4T7	MMGG
RTVU	MNGH	YYHN	TYHG	VGVG	YYVV	YRFH
7HNM	4TGV	7MHG	5VTY	RFHU	GBBB	BHG6

三、中指的练习

"3、E、D、C"由左手的中指按,"8、I、K、,"由右手的中指按。在按键位时,左手中指从 D 键抬起,右手中指从 K 键抬起,按完键后马上回到这两个键位上,其他手指位置保持不变。

EDCK	DDDD	EEEE	IIII	KKKK	3DC,	8IK,
ECK8	IEC3	,3EK	I3DC	K8IC	3KD,	3EIC
DEIK	,CDE	IKDC	IIDD	EECC	,,33	8833
K3EK	KKCK	,EE3	IID,	,8DI	IEDK	IKDE

四、无名指的练习

在按键位时,左手无名指从 S 键抬起,右手无名指从 L 键抬起,按完键后马上回到这两个键位上,其他手指位置保持不变。

29WW	SSSS	XXXX	WWSS	WWXX	OOLL	.SL9
SSLL	2S9X	OOXX	.2SL	9OLL	9O2L	29XS
2WSX	.OLW	9W2X	9OL2	.XWX	.SXO	OLSX
.OLX	.LXW	2XOW	.LXW	OS9X	.LSW	OS9W

五、小指的练习

在按键位时,左手小指从 A 键抬起,右手小指从；键抬起,按完键后马上回到这两个键位上,其他手指位置保持不变。

1QAZ	QQAA	AAZZ	ZPAP	01PA	PPPP	;;P/
QZOP	AZPA	;/QP	PQA1	AAZQ	;0AP	/QPA
Q;/P	0PQ1	AP01	;P1Z	Q/01	P1Q1	P111
;AQ1	AP/Z	;PZ0	QPA/	AP11	Q1P1	AQP1

盲打熟练后可以使用金山打字软件等进行速度练习。

本章小结

要学习中文打字,首先要熟悉键盘,知道各个功能键的含义，并能迅速地输入键盘上标注的相关字符。本章系统地介绍了键盘的分区与操作规则等内容。通过本章的学习，要能够熟练地使用键盘，达到每分钟击键 260 次以上。

练习与提高

1. 选择题

（1）下面（　　）不属于基准键。

A. H 键　　　　B. A 键　　　　C. B 键　　　　D. L 键

（2）插入键【Insert】的功能是（　　）。

A. "插入/改写"状态的切换键

B. 可以插入"Insert"单词

C. "插入/删除"状态的切换键

D. 可以插入空格

（3）【Shift】键的功能是（　　）。

A. 大小写字母的切换　　　　B. 用于快速移动光标

C. 输入双字符键上排的字符　　D. 可以插入空格

2. 填空题

（1）计算机键盘按其基本功能可分成四个分区，分别是_____、_____、_____、_____。

（2）打字时，手指应自然轻松地放在_____等基准键位上。

3. 上机题

打开 Windows 记事本程序，输入下面英文文章。

As people continue to grow and age, our body systems continue to change. At a certain point in your life your body systems will begin to weaken. Your joints any become stiff. It may become more difficult for you to see and hear. The slow change of aging causes our bodies to lose some of their ability to bounce back from disease and injury. In order to live longer, we have always tried to slow or stop this process that leads us toward the end of our lives.

　　Many factors contribute to your health. A well-balanced diet plays and important role. The amount and type of exercise you get is another factor. Your living environment and the amount of stress you are under is yet another. But scientists studying senescence want to know: Why do people grow old? They hope that by examining the aging process on a cellular level medical science may be able to extend the length of life.

第 2 章 汉字输入法简介

学习要点

- 中文输入法种类
- 五笔字型输入法设置
- 98 版五笔字型特点

2.1　中文输入法简介

中文输入法是指为了将汉字输入计算机或手机等设备而采用的编码方法，是中文信息处理的重要技术。中文输入法从 1980 年以来逐步发展，中间历经几个阶段：单字输入、词语输入、整句输入。对于中文输入法的要求是以单字输入为基础达到全面覆盖；以词语输入为主干达到快速易用；整句输入还处于发展之中。中文输入法的发展过程，是"万码奔腾"的过程，出现了好多种编码方法，但目前，主要分为形码输入法、音码输入法、数字码输入法和音形码输入法四大类。

一、中文输入法的种类

1. 形码输入法。这是以字形为基础，完全依据汉字的笔画和字形特征进行编码的输入法。例如，五笔字型、表形码、郑码都属于形码输入法。

  2. 音码输入法。这是将汉语拼音作为编码，利用键盘上的 26 个英文字母键进行输入。常见的音码输入法有全拼、双拼、智能 ABC、微软拼音输入法等。

  3. 数字码输入法。20 世纪 80 年代初，国家信息产业部出台了汉字区位编码方案规范，由此最先产生了区位码输入法。GB2313–80 是具有代表性的数字编码法，采用规定的汉字和基本图形字符的编码，即国标区位码。前两位是区码，取码范围是 01～94，后两位是位码，取码范围也是 01～94。区位码输入法将汉字用四位数字按顺序编码，基本没有规律可循，如真正使用，必须进行大量的强制性记忆，所以真正了解和使用区位码的人很少。但它是一切汉字电脑输入法的基础，对汉字输入法的发展起了不可抹灭的作用。

  4. 音形码输入法。这是将汉字的读音与字形结合起来构成的一种输入法，具有重码率低的特点。

  输入法的一个发展方向是功能的多元化。这方面的代表是"万能码"，即现在的"万能五笔"。万能码是一种将拼音、五笔、英文、笔画结合的一种字词输入法，不需要切换就可以使用多种功能，例如输入"苹果"这个词，可以键入它的拼音"pingguo"，也可以用五笔编码输入，还可以用英文 apple 输入，因此对于已经习惯于传统输入法的拼音或者五笔用户，很容易使用万能码。

二、五笔字型输入法的特点

  1978—1983 年，王永民完成了五笔字型输入法。五笔字型输入法最大的好处是将汉字拆分成字根或笔画，这样人们就不必进一步考虑字的读音，根据汉字的字型结构即可输入汉字；同时，也避免了长期使用拼音汉字输入法带来的"提笔忘字"电脑病。五笔字型输入法中，汉字的编码由四码组成，具有输入速度快、重码少等优点,所以五笔字型输入法曾被人们评价为"不亚于活字印刷术"的伟大发明。如今,五笔字型输入法的推广已历经20多年,其用户遍布全国各地,很多计算机上都装有五笔字型输入法,具有相当大的影响力。

2.2 五笔字型输入法设置

在使用五笔字型输入法时,往往根据需要对其进行设置,例如:"词语联想"、"创建新词"、"设置全角/半角符号"等。本节将以王码五笔字型输入法为例,讲述其高级选项的设置方法。

在Windows XP中安装好五笔字型输入法后,在任务栏的系统区域启动五笔字型输入法,五笔字型输入法的图标将显示在任务栏的系统区域,如图2-1所示。

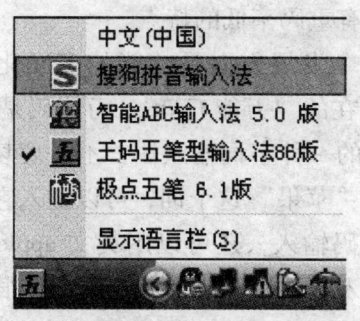

图2-1 五笔字型输入法提示图标

右击该输入法图标,此时弹出快捷菜单,如图2-2所示。选择"设置"选项,打开"文字服务和输入语言"对话框,如图2-3所示。

下面详细讲述"文字服务和输入语言"对话框中的各项设置。

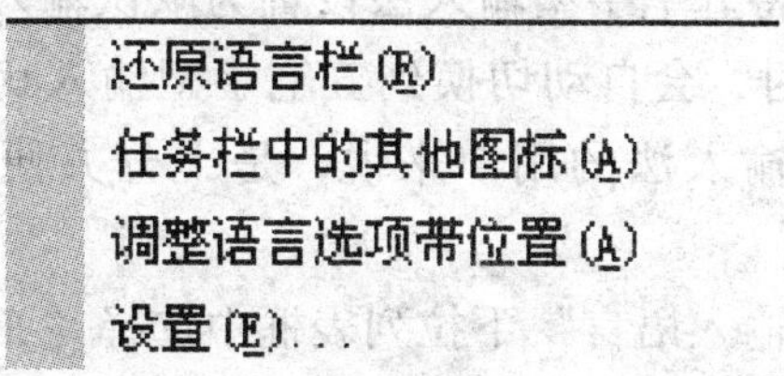

图 2-2　输入法快捷菜单

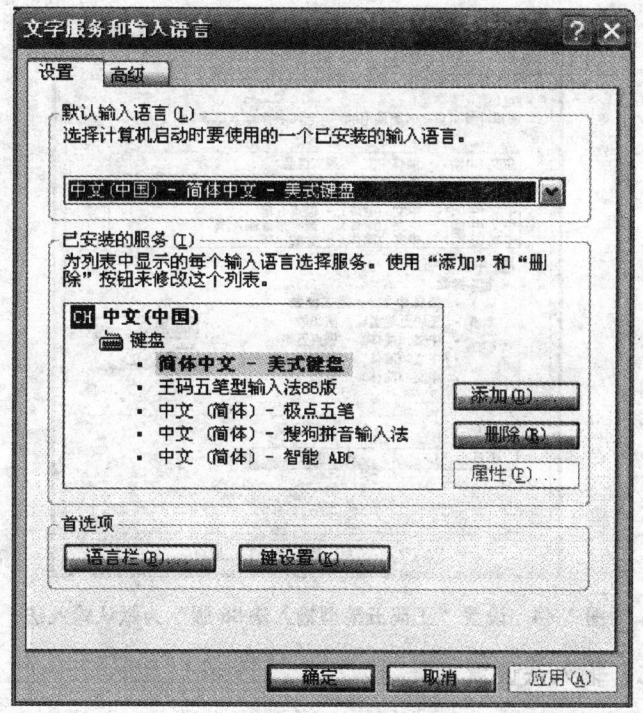

图 2-3　"文字服务和输入语言"对话框

一、设置默认输入法

通常情况下刚完成安装的 Windows XP 系统默认的输入法是

英文输入法。将五笔字型输入法设置为默认输入法后,每次启动 Windows 系统时,会自动切换到五笔字型输入状态,这对于经常使用五笔字型输入法的用户来说,是十分方便的。具体设置如下:

在"默认输入语言"下拉列表框中选择"王码五笔型输入法 86 版"选项,单击"确定",即成功将其设置为默认输入法,如图 2-4 所示。

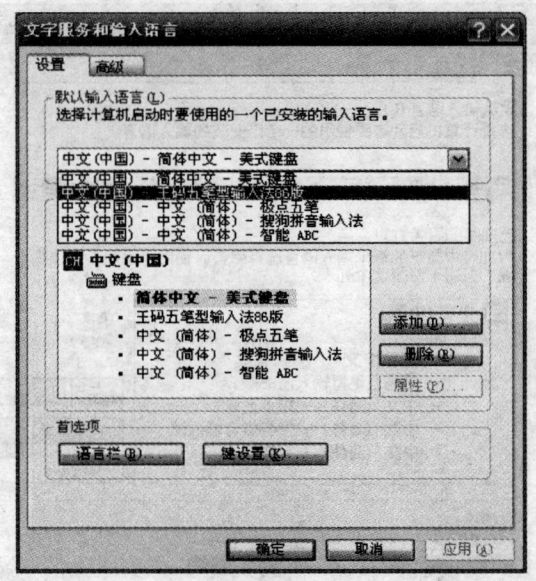

图 2-4 设置"王码五笔型输入法 86 版"为默认输入法

二、输入法设置

在图 2-3 的"已安装的服务"列表框中选择"王码五笔型输入法 86 版"选项,然后单击"属性"按钮,打开"输入法设置"对话框,如图 2-5 所示。

1. 编码查询。通过在"编码查询"列表中选择相应选项,用户可以设置在输入汉字的过程中显示其他汉字编码。例如,选择

第 2 章　汉字输入法简介

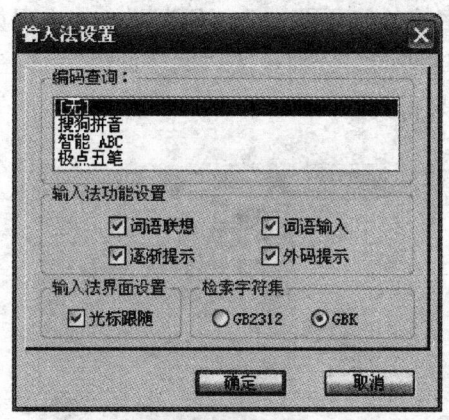

图 2-5　"输入法设置"对话框

"极点五笔"选项，并单击"确定"按钮，再次输入汉字时，将显示其"极点五笔"编码。

2. 词语联想。在"输入法功能设置"区选择"词语联想"，设置后，当输入某个字或词组时，系统将会在屏幕上显示以该字或词组开头的联想词组。例如，当输入"联"字时，屏幕上将出现该字的联想词组，如图 2-6 所示。

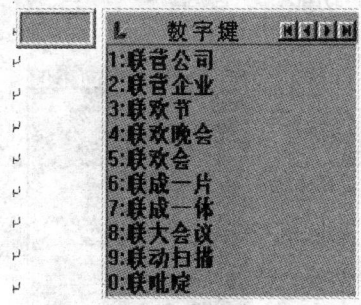

图 2-6　"词语联想"示例

3. 词语输入。在"输入法功能设置"区选择"词语输入"，单击"确定"。当输入汉字时，支持"按词组编码"，例如：输入

"五笔"两个字的各前两码——"GGTT",将出现如图2-7所示的对应词组。这些词组分别是按"两字词组"、"三字词组"、"四字词组"编码来得到的。

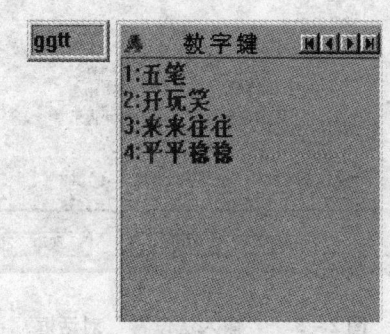

图2-7 "词语输入"示例

4. 外码提示。在输入汉字的过程中,有时无法将某些字的编码完全记住,如果设置了此项功能,则系统会给出相应的提示。例如,只记住了"蚕"字的前两码"GD",而忘了后面的编码,则可以根据系统提示,从重码提示窗口中选择正确的编码"GDJU",如图2-8所示。在"输入法功能设置"区选择"外码提示",将会实现这一功能。

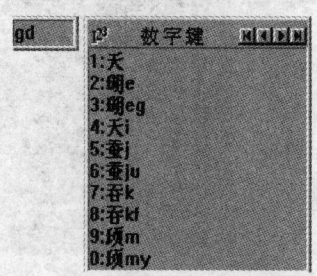

图2-8 "外码提示"示例

5. 逐渐提示。在"输入法功能设置"区选择"逐渐提示"

之后,"外码提示"复选框才可用,否则,"外码提示"复选框不可用。选择"逐渐提示"之后,在输入汉字的过程中,提示窗口将按照"外码提示"、"词语联想"的顺序进行提示。

6. 光标跟随。在"输入法界面设置"区选择"光标跟随",单击"确定"按钮。在输入汉字时,外码输入框与重码提示窗口跟随光标,位于当前光标的下方(如图 2-9 所示)。否则,它们将位于屏幕的最下方(如图 2-10 所示)。

图 2-9 "光标跟随"示例

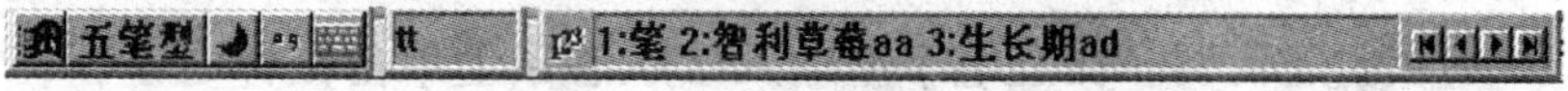

图 2-10 "取消光标跟随"示例

7. 检索字符集。在"检索字符集"区中有两个单选按钮"GB2312"和"GBK"(如图 2-5 所示)。GBK 是一个汉字编码标准,全称《汉字内码扩展规范》。除了包含 GB 2312 中的全部汉字、非汉字符号以外还包含扩展的多个 GB 汉字和其他图形化字符等。所以如果"检索字符集"设置为 GBK 则检索速度比较慢,但检索的汉字比较全。通常,五笔字型输入法的检索字符集都为 GB2312,而全拼输入法的检索字符集为 GBK,这就是有些汉字可以用"全拼"打出来而无法用"五笔"打出来的原因。

三、五笔字型输入法状态条的设置

在切换到五笔字型输入法后,屏幕的左下角会显示出如图 2-11 的输入法状态条。

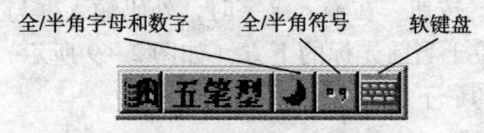

图 2-11 输入法状态条

在输入法状态条中,可以设置"全/半角字母和数字"、设置"全/半角符号"、开关"软键盘"。使用方法与其他输入法类似,此处不再赘述。

四、编辑新词

在使用五笔字型输入法进行汉字录入时,可以将常用的词添加到王码五笔字型词库中,并进行编辑,从而节省录入时间,提高工作效率。

1. 创建新词。在五笔字型输入法状态条上单击鼠标右键,在弹出的快捷菜单中选择"手工造词"选项(图 2-12),将弹出"手工造词"对话框,如图 2-13 所示,已经在"手工造词"对话框中创建了"金融学院"词组,正在创建添加"计算机系"词组,单击"添加"按钮,"计算机系"词组也将添加到词语列表中。

2. 修改新词。添加新的词组后,如需要对其进行修改,则可以如图 2-14 所示,在"手工造词"对话框中,选择"维护"单选按钮,在词语列表中,选择需要修改的词组,单击"修改"按钮,弹出"修改"对话框,如图 2-15 所示,对词语的外码或文本进行修改。

第 2 章 汉字输入法简介

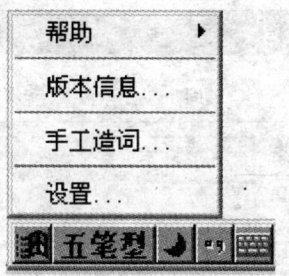

图 2-12　选择"手工造词"选项

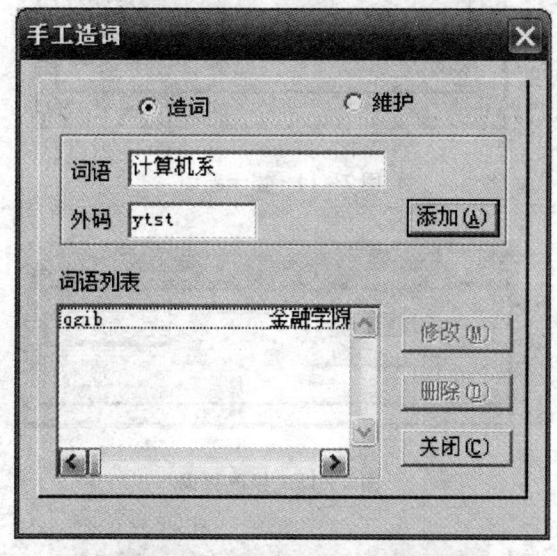

图 2-13　"手工造词"对话框

3. 删除新词。在"手工造词"对话框中，选择"维护"单选按钮，选中需要删除的新词，单击图 2-14 中的"删除"按钮，弹出图 2-16"警告"，单击"是"按钮，该新词将被删除。

五、输入法的切换

输入法切换包含两种，一种是中英文输入法之间的切换，另

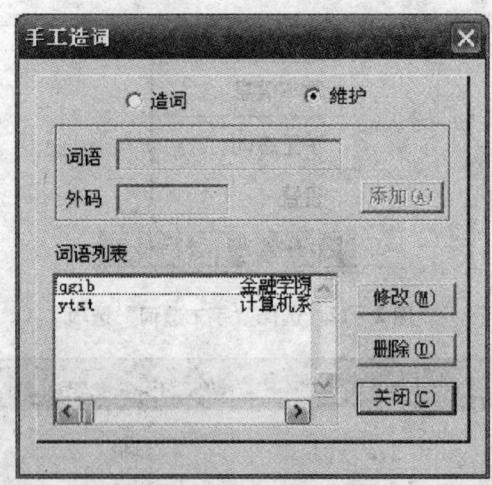

图 2-14 显示新词

图 2-15 修改新词

图 2-16 提示信息框

外一种是中文输入法之间的切换。不管是哪种切换，我们都可以通过左键点击输入法图标（如图2-1所示），在弹出的列表中选择需要的输入法来进行切换。

另外一种方法是通过快捷键进行输入法的切换：中英文输入法切换【Ctrl】+空格键；中文输入法之间切换【Ctrl】+【Shift】进行切换。

在文字录入过程中，在中文状态按一下【Shift】键，或者【Caps Lock】键进行快速切换到英文，如果再按一下【Shift】键，或者【Caps Lock】键则又快速切换回中文，这两种按键方法的区别在于按【Shift】键切换到小写英文字母输入状态，而按【Caps Lock】键则切换到大写英文字母输入状态。需要注意的是，并不是所有的输入法都支持这种转换方式，比如王码五笔字型86版输入法就不支持【Shift】键切换，但支持【Caps Lock】键切换。

2.3 98版五笔字型简介

98版五笔字型是在86版五笔字型基础上发展起来的，因此，在98版五笔字型中包括了原86版五笔字型输入法，以满足原86版五笔字型老用户的需要。

一、98版五笔字型的特点

1. 实现内码转换。不同的中文平台使用的内码并非都一致，使用98版五笔字型提供的多内码文本转换器可以进行内码转换，兼容不同的中文平台。

2. 动态取字造词。在编辑文字的过程中，随机从屏幕上取字造词，也可利用98版五笔字型提供的词库生成器进行批量造词。

3. 允许用户编辑码表。用户可以根据自己的需要对五笔字型编码和五笔画编码进行直接编辑修改。

二、98 版五笔字型与 86 版五笔字型的主要区别

1. 码元规范。86 版五笔字型中总共选取了 130 个左右字根，98 版五笔字型中一共选取了 245 个码元（与 86 版五笔字型中的字根概念基本等同）。将原来的字根进一步细化，创立了一个相容性（重码率降至最低）、规律性（易学易用）和协调性（键位码元分派与手指功能特点协调一致）三者统一的理论。因此，98 版五笔字型的编码码元以及笔顺都更符合语言规范。

2. 处理汉字比以前更多。98 版五笔字型中，发明了小写输入简体、大写输入繁体这一专利技术，除了处理国标简体中的 6763 个标准汉字外，还可以处理 BIG5 码中的 13053 个繁体字及大字符集中的 21003 个字符。

3. 编码规则更简单明了。98 版五笔字型中，采用独创的"无拆分编码法"，将总体形似的笔画结构归结为同一码元。在对汉字进行编码时，无须对整字进行拆分，只需直接用码元取码。

但是，由于 98 版五笔字型过于追求对五笔字型编码的科学性和规范性，使得 98 版五笔字型的重码率比大家熟知的 86 版五笔字型略高一些。同时，86 版五笔字型先入为主，比 98 版五笔字型更普及，网吧、公司、家里的操作系统都会默认安装，功能多元化的新型五笔几乎都支持 86 版五笔字型。因此，学好 86 版五笔字型对学习汉字输入法有更重要的意义。

本 章 小 结

本章对当前汉字输入法的种类、五笔字型输入法的发展和特点、98 版五笔字型输入法的特点以及 86 版五笔字型与 98 版五笔字型的区别进行了介绍。同时，详细讲述了五笔字型输入法的设

置。为其后学习五笔字型做了基本的知识准备。

练习与提高

1. 选择题

（1）通常情况下刚完成安装的 Windows XP 系统，默认的输入法是（　　）。

　　A. 英文输入法　　　　　　B. 五笔字型输入法
　　C. 全拼输入法　　　　　　D. 微软全拼输入法

（2）中英文输入法切换通过（　　）来完成。

　　A. Ctrl + Shift　　　　　　B. Alt + 空格
　　C. Ctrl + 空格　　　　　　D. Shift + Alt

（3）中文输入法之间切换，可以通过（　　）来完成。

　　A. Ctrl + Shift　　　　　　B. Alt + 空格
　　C. Ctrl + 空格　　　　　　D. Shift + Alt

（4）在五笔字型输入法设置中不能设置的项是（　　）。

　　A. 词语联想　　　　　　　B. 词语输入
　　C. 逐渐提示　　　　　　　D. 内码提示

（5）下列属于形码输入法的是（　　）。

　　A. 智能 ABC　　　　　　　B. 区位码
　　C. 郑码　　　　　　　　　D. 双拼

2. 填空题

（1）输入法切换包含两种，一种是_____之间的切换，另外一种是_____的切换。

（2）86 版五笔字型中的字根概念，在 98 版五笔字型中称为_____。

（3）目前，中文输入法可主要分为_____、_____、_____和_____四大类。

(4）在"输入法功能设置"区选择_____设置后，当输入某个字或词组时，系统将会在屏幕上显示以该字或词组开头的联想词组。

3. 上机题

（1）将五笔字型输入法设置为默认输入法。

（2）取消使用五笔字型输入汉字时，外码输入框与重码提示窗口的跟随光标功能。

（3）在王码五笔字型词库中添加新词"哈尔滨金融学院"、"应用教研室"以及自己的名字。

第 3 章 五笔字型基础知识

学习要点

- 汉字的五种基本笔画
- 汉字的三种字型结构
- 86 版五笔字根的键盘分布

3.1 汉字的基本结构

汉字是一种拼形文字，它们是由一些构字的基本单位按照一定的规律组合构成的相对独立的结构，即汉字是按人们的书写顺序经过拼形组合而产生。

一、汉字的五种基本笔画

所有的汉字都是由笔画构成的，在书写汉字时，不间断地一次连续写成的一个线条叫做汉字的笔画。在五笔字型输入法中，对笔画的分类只考虑其书写的方向，而不计其轻重长短，因此将汉字的笔画分为五种：横、竖、撇、捺、折。为了便于记忆，依次用 1、2、3、4、5 作为代码，如表 3－1 所示。

表 3-1　　　　　　　　汉字的 5 种笔画

笔画代码	笔画名称	笔画走向	笔画及其变形
1	横	左→右	一
2	竖	上→下	丨
3	撇	右上→左下	丿
4	捺	左上→右下	丶
5	折	带转折	乙

对于汉字的具体形态结构中产生某些变形的笔画，有如下特别的规定：

（1）提笔"╱"视为横"一"。如：由"现"是"王"字旁可知提笔视为"横"。

（2）点笔"丶"视为捺"丶"。如："寸"、"雨"、"村"中的点为捺。

（3）左竖钩"亅"视为竖"丨"。如："判"、"利"字的末笔应视为竖。

（4）其余一切带转折、拐弯的笔画均为"折"。如："杨"、"气""发"中带拐弯的笔画。

二、汉字的三种字型结构

五笔字型编码是把汉字拆分为字根，而字根又按一定的规律组成汉字。同样几个字根，摆放位置不同，就是不同的字。例如：叭与只、吧与邑等。可见，字根的位置关系，也是汉字的一种重要特征信息。

根据构成汉字的各字根之间的集团关系，基于对汉字整体轮廓的认识，我们可以把成千上万的汉字字型分为 3 种：左右型、上下型、杂合型。分别用代码 1、2、3 表示，如表 3-2 所示。

表 3-2　　　　　　　汉字的 3 种字型结构

字型代码	字型结构	字例	特征
1	左右	汉湘结封距	字根之间有一定间距，总体是左右排列
2	上下	字莫花华售	字根之间有一定间距，总体是上下排列
3	杂合	困凶这司乘本年天果申	字根间可有间距，但不分上下左右，不分块

1. 左右型

（1）双合字，两部分左右排列，整个汉字中有着明显的界线，字根间有一定距离，例如：枚、明、林、加、枫、咽等。"咽"字的右边是由两个字根构成，显然这两个字根之间是杂合型关系，但整个汉字属于左右型。

（2）三合字，整个字是由 3 个部分从左到右排列，或者单独占据一边的部分与另外两部分呈左右排列，例如：侧、别、确等属于左右型。

2. 上下型

（1）双合字，两部分上下排列，字根间有一定距离，例如：皇、节、晋等。

（2）三合字，整个字的 3 个部分从上到下排列，或者单独占据一边的部分与另外两部分呈上下排列，例如：意、想、花、查等。

3. 杂合型

（1）交叉重叠型，如：申、里、半、东、串、冉、本、丹、戊等。

（2）字根间位置关系为"连"型，如：自、千、尺、且、下、天等。

（3）内外型（包围与半包围型），如：团、同、匡、床、巨、冈、屑、函等。

（4）含"辶、廴"的字型，如：运、这、建、迅、退等。但"见"视为上下型。

3.2 86版五笔字根及分布

字根是构成汉字的基本单位,是由笔画交叉或连接形成的相对不变的结构。我们把那些组字能力强、使用频度高、组字唯一性好的字根作为基本字根,这样一切汉字都可拆分成由基本字根组成的了。

把五笔字根按形、音、义方面进行归类,并将字根按照一定的规律分布排列在键盘字母键位上,即将其合理地分布在键盘A~Y共计25个字母上,就形成了五笔字型的字根键盘图,如图3-1所示。

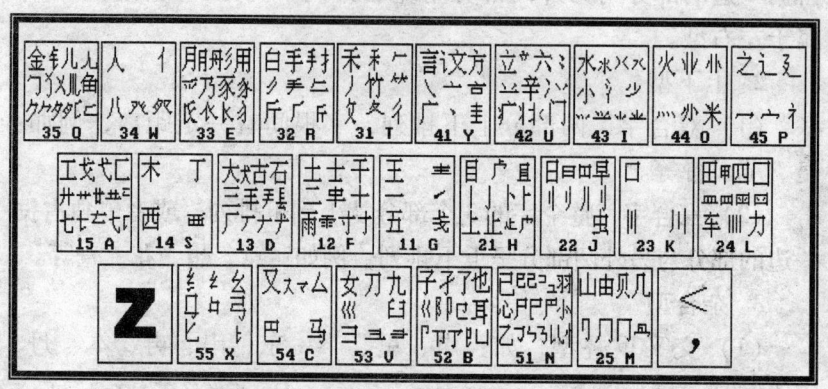

图 3-1 五笔字根

一、字根的键盘布局

五笔字型输入法实际上就是将汉字拆分成字根,再输入字根所在键位的编码,要学习五笔字型输入法就须先掌握五笔字根的区位地址,下面介绍3个基本名词:区、位、区位码。

1. 区。根据基本字根的第一笔画将键盘横向划分为五个部分，每个部分称为一个区。用数字1、2、3、4、5 表示，称为"区代码"，1 区——横区，2 区——竖区，3 区——撇区，4 区——捺区，5 区——折区。

2. 位。根据基本字根的第二笔画将键盘上的5 个区又划分为五个部分，即每个区又划分成5 个位，也用数字1、2、3、4、5 表示，称为"位代码"。

3. 区位码。我们将"区代码"写在前，"位代码"写在后的两位数字称为"区位码"。共有 25 个键位"区位码"，如图 3 - 2 所示。

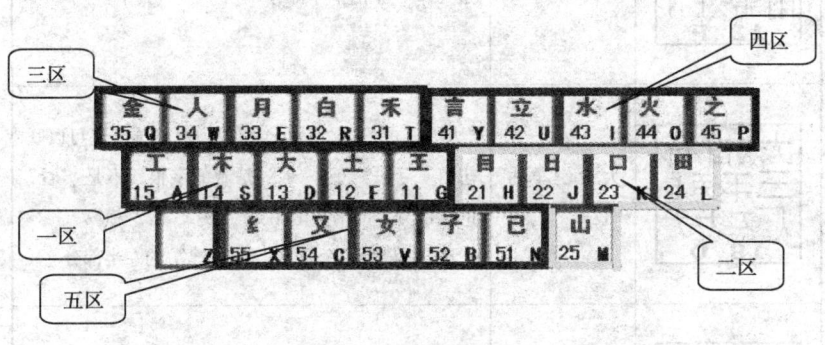

图 3 - 2　键盘区位码

一个键位上一般安排了多个字根，每个键位上取一个字根作为其键名字根，各区位上的键名字根见图 3 - 2 所示。

二、字根助记词

为了更快地掌握各区位上的字根，五笔字型提供了一套"字根助记词"，每一句字根助记词基本上概括了一个区位上的字根，使大家能够很快"读出"每个区位上的字根，可以加快记忆速度。五个区的助词如下：

1. 第一区字根

键位字根	字根口诀	字根分析
王 青 一 丶 五 戋 11 G	王旁青头戋 (兼)五一	"王旁"为偏旁部首,"青头"为青字的上半部分,"兼"为"戋"(同音);"五一"是指字根"五和一"
土 士 干 二 丰 十 雨 雫 寸 12 F	土士二干十 寸雨	该键的"土士二干十寸雨"是7个字根,"丰"是"革"字的下半部分
大 犬 古 石 三 手 乒 厂 ナ ナ 13 D	大犬三羊古 石厂	"大犬三古石厂"是6个字根,由"羊"还可以联想有"手 乒","手"是着的字根,不是"看"的上部分,即第一笔不是"撇",是"横"。"ナ ナ"是变形字,"镸"是"肆"的左半部分
木 丁 西 西 14 S	木丁西	"木丁西"为字根,很好记忆
工 戈 弋 匚 卄 艹 廾 七 亡 弋 匸 15 A	工戈草头右 框七	"工戈七"3个是字根,"草头"为偏旁部首"艹",由此还可联想到类似的字根"卄 廾";"右框"为向右开口的方框"匚"及相似的字根"亡 匸 弋"等

2. 第二区字根

键位字根	字根口诀	字根分析
目 广 且 丨 丿 卜 上 止 疒 21 H	目具上止卜 虎皮	"丨目上卜止"为字根,"虎皮"为"虎和皮"的上半部分"卜广疒"
日 曰 四 早 丨 丿 刂 虫 22 J	日早两竖与 虫依	该键的"日早虫"是字根,"曰"是"日"的变形字根,"两竖"还可联想变形字根"刂丨刂"
口 川 川 23 K	口与川,字 根稀	"口"与"川"是字根
田 甲 四 口 皿 罒 囗 囗 车 皿 力 24 L	田甲方框四 车力	"田甲四车力"是字根,方框是外框"囗",由"四"可联想出"罒皿"
山 由 贝 几 冂 几 冂 凸 25 M	山由贝,下 框几	"山由贝"是3个字根,"下框几"是指开口向下的字根"冂"和"几","凸"即为"骨"的上半部分

3. 第三区字根

键位字根	字根口诀	字根分析
禾 禾 一 丿 竹 ⺮ 夂 夊 亻 31 T	禾竹一撇双人立 反文条头共三一	"禾竹"为字根,"一撇"为字根"丿","双人立"为"亻","条头"是指"条"的上半部分,"反文"是"夂","共三一"是指在31键上
白 手 扌 丿 手 二 斤 厂 斤 32 R	白手看头三二斤	"白手斤"是字根,联想到提手"扌","看头"是"看"字的上半部分,"厂手二"是变形字,"三二"指字根在32键上
月 月 彡 用 罒 乃 豕 豸 㠯 衣 长 夕 33 E	月彡(衫) 乃用家衣底	"月彡乃用"是字根,"豕、⿱"是指"家"和"衣"的底下部分,"罒 豕 ⺠ 用 丹 ⺋"等是变形字
人 亻 八 ⺈ 癶 34 W	人和八,三四里	"人八"是字根,由"人八"联想到"亻、癶和⺈"字根,"三四里"是指在34键上
金 钅 儿 几 勹 刂 乂 儿 鱼 ⺈ 夕 夊 亡 35 Q	金勹缺点无尾鱼 犭旁留乂儿 一点夕 氏无七(妻)	"金"是字根,"勹缺点"是指"勹"字少一点,"无尾鱼"是"鱼"字少一横,"犭旁"是"犭","留乂儿"是指"乂儿","氏无七"指"氏"去掉"七"

4. 第四区字根

键位字根	字根口诀	字根分析
言讠方亠广丶圭 41 Y	言文方广在四一高头一捺谁人去	"言文方广"字根在41键上,"高头"是指"高"的上半部分"丶、亠、㐄","一捺"为"丶"字根;"谁人去"是"谁"去掉"亻"和"讠"
立䒑六氵辛丬门 42 U	立辛两点六门疒（病）	"立辛六门疒"是字根,"两点"是"冫""丷",还可联想到"丬"和"䒑"
水氺⺌⺍小氵⺌⺌⺍米 43 I	水旁兴头小倒立	"水旁"是指"氵",由此可联想到"氺、水","兴头"是"兴"的上部分,还可联想到"⺌","小倒立"是指"觉"和"党"的上部分
火业卝灬⺌米 44 O	火业头,四点米	"火"是字根,"业头"是"业"字的上半部分,由此可联想到"卝","四点米"指"灬"和"米"
之辶廴摘宀礻（示）衤（衣） 45 P	之宝盖建道底摘礻（示）衤（衣）	"之"是字根,"宝盖"指"宀冖"字根,"建道底"指偏旁"廴辶","摘示衣"指"礻衤"去掉点而成的"衤"

5. 第五区字根

键位字根	字根口诀	字根分析
已巳己ㄱ羽 心尸卩尸⺌ 乙ㄅㄋ⺈忄 **51 N**	已半巳满不出己 左框折尸心和羽	"已巳己心羽⺌"为字根;"左框"指开口向左的方框"ㄱ","折"是指"乙ㄅㄋ乚乁ㄋ一乙丁"等,由"心"联想到"忄"
子孑了也 巛阝⺒耳 冂卩孓凵 **52 B**	子耳了也框向上	"子耳了也"是字根,"框向上"是指开口向上的方框"凵","阝卩孓⺒"等是变形字
女刀九臼山 巛 彐 ⺕ **53 V**	女刀九臼山朝西	"女刀九臼"是4个字根,"山朝西"指"彐",另外"巛"认为是三折,故在此键上
又ス⺕厶 巴　马 **54 C**	又巴马,丢失矣	"又巴马"是3个字根,"丢失矣"是指"矣"去掉下半部分的"矢"之后的"厶",还有变形字"⺕ス"
幺幺幺 口臼弓 匕 **55 X**	慈母无心弓和匕,幼无力	"慈母无心"指去掉"母"字中间的部分,剩下的"口","弓和匕",指"弓、匕"字根,"幼无力"指"幼"去掉"力"剩下的"幺"部分

三、字根的键位特征

　　五笔字型的设计力求有规律,尽量使同一键上的字根在形、音、义方面能产生联想,这有助于记忆,便于迅速熟练掌握。字根的键位有以下特征：

1. 字根首笔笔画代号和所在的区号一致，例如："士"的首笔是横，因此，"士"在横区键上（F）。

2: 相当一部分字根的第二笔代号与其"位号"保持一致，例如："士"的第二笔是竖，因此，"士"在横区第二位键上（F）。

3. 同一键位上的字根形态相近或有渊源。

4. 各区的一二三（四）位键上对应本区所代表的相应数目的笔画。例如，横区中，一横在一位键（G）上，两横在二位键（F）上，三横在三位键（D）上；竖区中，一竖在一位键（H）上，两竖在二位键（J）上，三竖在三位键（K）上，四竖在四位键（L）上。其他三个区同理。

另外，部分字根的键盘安排不符合上述几条原则，对这类字根的记忆要借字根助记词来加以记忆。

四、汉字字根之间的位置关系

汉字是由字根组成的，基本字根在组成汉字时，按照它们之间的位置关系可以分成单、散、连、交四种类型。

1. 单。字根本身就单独构成一个汉字。例如：由、雨、竹、车、斤等。

2. 散。构成汉字不止一个字根，且字根间保持一定距离，不连也不交。例如：讲、肥、昌、张、吴等。

3. 连。五笔字型中字根相连不同于常规意义上的相连，特指以下两种情况：

（1）单笔画与某基本字根相连。例如：自（丿连目）、且（月连一）、尺（尸连丶）、下（一连卜）等。

（2）带点结构。例如：勺、术、太、主、义、头、斗等。

另外，五笔字型中并不认为以下字字根相连。例如：足、充、首、左、页等；单笔画与基本字根间有明显距离的字也不认为相连。例如：旦、个、少、么。

4. 交。指两个或多个字根交叉构成汉字。例如：申（日交丨）、里（日交土）、夷（一 弓相交 人）等。

本 章 小 结

本章主要介绍了五笔字型输入法的特点，5 种基本笔画、汉字的 3 种基本结构、五笔字型的字根分布等内容，要根据字根口诀来牢记各分区上的字根，这样在拆分汉字时才能快速、准确地提取汉字中的字根。

练 习 与 提 高

1. 选择题
(1) 以下（　　）不是汉字字根之间的位置关系。
A. 交　　B. 连　　C. 散　　D. 包含
(2) "点"在五笔字型中归结为（　　）结构。
A. 上下型　B. 左右型　C. 杂合型　D. 包围型
2. 填空题
(1) 汉字有_____种字型结构。
(2) 五笔字型中的"五笔"是指_____、_____、_____、_____、_____五类笔画。
(3) 分别指出下列汉字属于哪一种字型结构。
扩：_____　他：_____　修：_____　有：_____
售：_____　区：_____　倍：_____　谁：_____
这：_____　凶：_____　发：_____　九：_____
3. 写出下面各个键上的所有字根

Q _____

H _____

第 3 章　五笔字型基础知识

D _____　　L _____

V _____　　F _____

M _____　　T _____

P _____　　B _____

第4章 汉字的拆分与输入

学习要点

- 五笔字型的拆分规则
- 汉字的输入
- 熟练掌握一些难拆分汉字的拆分方法

4.1 五笔字型的拆分规则

字根间的结构关系与汉字的分解是一个问题的两个方面,前者说的是字根可以组成汉字;后者要解决汉字如何拆分为字根以便于进行汉字输入。

对于"单"的情况,即汉字本身就是一个基本字根,因而也就无须再拆分,这类字的五笔字型编码有单独规定。

对于"散"的情况,由于字根之间疏离分立,所以也就容易拆分,只要注意拆分的顺序,即遵守"顺序拆分"的原则。

实际上拆分问题的重点集中于要解决连、交及混合型的情况。因此拆分时要注意掌握下面口诀给出的五个要点:书写顺序,取大优先,兼顾直观,能散不连,能连不交。

一、书写顺序

汉字拆分为字根时基本上是要按照正确的书写顺序进行,以

"增加一笔就不能构成已知字根"这个原则来决定笔画的归属。若汉字为左右型,则拆分顺序为从左到右,例如"种、结、根"等汉字;若汉字为上下型,则拆分顺序为从上到下,例如"盘、想、置"等汉字;若汉字为杂合型,则拆分顺序为从外到内,例如"回、园、团"等汉字。现举例如下:

新:只能按从上到下、从左到右的书写顺序拆成"立木斤",而不能拆成"立斤木"。

花:只能拆成"艹亻匕",而不能拆成"亻艹匕"。

二、取大优先

取大优先也称能大不小。按照书写顺序拆分汉字时应以"再添一笔画便不能称其为字根"为限,每次都拆取一个"尽可能大"的,即"尽可能笔画多的"字根。有些方法拆出来的字根少,这时就以拆分字根数量少的那种为优先。而要字根数少,只能用拆分成的字根尽可能大的手段实现。同时要注意,如果能拆成一个大的字根,就不要再把其拆成几个小字根。例如:

果　拆法1:日 木(正确)
　　拆法2:日 一 小(错误)
　　拆法3:旦 小(错误)
　　拆法4:日 十 八(错误)
较　拆法1:车 六 乂(正确)
　　拆法2:车 亠 八 乂(错误)
　　拆法3:车 亠 父(错误)
鲁　拆法1:鱼 一 日(正确)
　　拆法2:夕 田 一 日(错误)
世　拆法1:廿 乚(正确)
　　拆法2:一 凵 乚(错误)
丰　拆法1:三 丨(正确)

　　　　拆法2：一 二 丨（错误）
　则　拆法1：贝 刂（正确）
　　　　拆法2：冂 人 刂（错误）
　　所以，取大优先就是以所取的字根必须要达到字根总表中的最大字根为准，这就需要我们熟悉字根总表后才会渐渐明白。

三、兼顾直观

　　在拆分汉字时，为了照顾汉字字根的完整性，有时不得不暂且牺牲一下"书写顺序"和"取大优先"原则，而要使拆分出来的字根符合一般人的直观感觉，形成个别例外的情况。因为如果拆成的字根有较好的直观性，就便于联想记忆，给输入带来方便。例如：

　　国：应拆分为"囗王丶"。如果按书写顺序，原则上应拆分成"冂王丶一"，但这样便破坏了汉字构造的直观性，故只好违背"书写顺序"。

　　自：应拆分为"丿目"。如果按"取大优先"的原则应拆成"亻⺄三"，但这样拆很不直观。

　　生：拆成"丿"和"龶"比较直观，而拆成"⺈"和"土"就不太方便。

四、能散不连

　　笔画和字根之间、字根和字根之间的关系，可以分为"散"、"连"、"交"三种。但有时一个汉字被拆分成的几个部分都是"复笔"（字根都不是单笔画），它们之间的关系常常在"散"和"连"之间模棱两可。此时，拆分原则是如果拆分时可以拆成散结构关系字根的话，就不要拆分成相连关系的字根。如：

　　午　拆法1：⺈十（正确，此时"⺈"和"十"的关系为散）
　　　　拆法2：丿干（错误，因为此时"丿"和"干"就是连

的关系了）

另外，在拆分时还应注意，不能将一个笔画割断放在两个字根中，如：

出　拆法1：凵山（正确）

　　　拆法2：山山（错误，因为其中的竖笔本来就只是一笔，在这里被分成两笔了）

五、能连不交

指拆分时能拆成相连关系字根的话，就不要拆分成相交关系的字根。如：

刊　拆法1：干刂（正确）

　　　拆法2：二丨刂（错误，因为这样"二"与"丨"就是相交的关系了）

于　拆法1：一十（正确）

　　　拆法2：二丨（错误，因为这样"二"与"丨"就是相交的关系了）

天　拆法1：一大（正确，此时一和大的关系为连）

　　　拆法2：二人（错误，因为这样"二"与"人"就是相交的关系了）

总之，拆字时应当兼顾上述四个方面的要求。一般来说，首先应当保证每次拆出最大的基本字根，在拆出字根数目相等的条件下，"散"比"连"优先，"连"比"交"优先。

4.2　汉字输入

一、输入键名字

五笔字型中将口诀中的第一个汉字规定为键名汉字，简称为键名字，共有 25 个，分别与 25 个字母键相对应，如图 4-1 所示。

图 4-1 键名汉字分布

这 25 个键名字的编码非常简单，就是连击 4 下该汉字所在的字母键，该汉字即可以被输入。如："言"字的编码为"YYYY"，"女"字的编码为"VVVV"。

二、输入成字字根汉字

在五笔字型字根键盘的每个字母键上，除了 25 个键名字根外，还有数量不等的几种类型的字根。有些字根其本身就是一个汉字，这样的字根称为成字字根。成字字根的编码规则为：键名码+首笔码+次笔码+末笔码。当成字字根仅为两笔时，编码只有 3 码，编码规则为：键名码+首笔码+末笔码。

在这里，键名码即字根所在键的字母，也称为报户口。也就是说，当一个汉字是一个成字字根时，它的第 1 个编码是键名码，第 2 个编码是它的第一笔笔画的字母代码，第 3 个编码是它的第二笔笔画的字母代码，最后一个码是它的末笔画的字母代码。如"戋"字，其键名码为"G"，第 1 笔为"一"，代码为"G"，第 2 笔为"一"，代码也为"G"，最后一笔为"丿"，代码为"T"。所以"戋"字的编码为"GGGT"；再如"二"字，其键名码为"F"，第一笔为"一"，代码为"G"，第二笔也就是末笔为"一"，代码为"G"，所以"二"字的编码为"FGG"。现举例如表 4-1 所示。

第4章 汉字的拆分与输入

表4-1　　　　　　　输入成字字根示例表

示例汉字	报户口（键名码）	第一单笔	第二单笔	末笔单笔	汉字编码
文	文（Y）	、（Y）	一（G）	\（Y）	YYGY
斤	斤（R）	ノ（T）	ノ（T）	｜（H）	RTTH
小	小（I）	亅（H）	ノ（T）	、（Y）	IHTY
雨	雨（F）	一（G）	｜（H）	、（Y）	FGHY

许多人不太注意，其实5种单笔画"一、｜、ノ、\、乙"，在国家标准中都是作为汉字来对待的。在五笔字型中，按理说它们应当按照成字字根的方法输入。在这5种单笔画中，我们看出，除了"一"之外，其他几个都很不常用，按成字字根的输入方法，它们的编码只有2码，这么简短的编码却用于如此不常用的字，真是太可惜了！于是，我们将其简短的编码让位给更常用的字，而人为地在它们正常码的后面，加上两个"L"作为5个单笔画的编码。所以，5个单笔画的编码规则为：键名码＋首笔码＋L＋L。具体编码如表4-2所示。

表4-2　　　　　　　单笔画输入表

单笔画	编码
一	GGLL
｜	HHLL
ノ	TTLL
\	YYLL
乙	NNLL

应当说明，"一"是一个极为常用的字，所以它被设为高频字，即键入"G"再加一个空格键就可以完成输入。有关高频字的介绍请详见5.1。

三、输入普通汉字

在 GB2312-80 中，上述的键名字和成字字根这样的键面字总共才有 100 多个。键面字以外的汉字都是键外字，键外字才是大量的，也是我们使用最多的。五笔字型汉字编码主要是键外字的编码，编码可以分为两类：纯字根码和识别码。如果一个汉字的字根是 4 个或超过 4 个，就用前三个和最后一个，即总共 4 个字根码组成编码，因为五笔字型中规定一个汉字输入时最多使用 4 个码；不足 4 个字根的汉字需补 1 个字型结构识别码，以增加区分汉字的信息量。这里所取的一、二、三、末码所对应的字根应该按照汉字的正常书写顺序，先左后右，先上后下，先外后内。下面依次给出说明。

1. "多根字"的取码规则。所谓"多根字"，是指按照规定拆分之后，总数多于 4 个字根的字。这种字不管拆出了几个字根，我们只按其顺序取第一、二、三及最末一个字根，俗称"一二三末"，共取 4 个码。例如：

懿　拆分为：立早冬工贝心，取一二三和末字根对应的字母键，编码为 UJTN

输　拆分为：车人一月刂，取一二三和末字根对应的字母键，编码为 LWGJ

2. "四根字"的取码规则。"四根字"是指刚好由 4 个字根构成的汉字，其取码规则是依照书写顺序分别取 4 个字根，键入相应的字母键即可完成"四根字"的输入。例如：

照　拆分为：日刀口灬，分别取这 4 个字根对应的字母键，编码为 JVKO

第　拆分为：竹弓丨丿，分别取这 4 个字根对应的字母键，编码为 TXHT

3. 不足四根字的取码规则。当 1 个字拆成的字根不足 4 个时，它的输入规则为：依次键入字根码＋末笔字型识别码（简称识别码）。识别码是由末笔代号加字型代号而构成的一个附加码。识别码只适用于不足 4 个字根组成的字。

识别码是由汉字最后1个笔画的笔画数字代号和字型结构数字代号交叉组成的。具体地说,识别代码为两位数字,第1位(十位)是末笔画的类型代号(横1、竖2、撇3、捺4、折5),第2位(个位)是字型结构代号(左右型为1,上下型为2,杂合型为3)。把识别代码看为一个键的区位码,第1个数字与键盘的分区号相对应,第2个数字与位号对应,这样一交叉,这个区位上的字母键就是该汉字的交叉识别码。具体识别码见表4-3所示。

表4-3　　　　　　　　　　识别码表

识别码 末笔笔画	左右型1	上下型2	杂合型3
横1	11 G	12 F	13 D
竖2	21 H	22 J	23 K
撇3	31 T	32 R	33 E
捺4	41 Y	42 U	43 I
折5	51 N	52 B	53 V

加识别码后仍不足4码时,击空格键结束。

加识别码的目的和作用是为了减少重码数,减少选字。例如在不用识别码时,"沓"和"旭"两个汉字的编码都为"VJ",加了识别码后,"沓"的编码为"VJF","旭"的编码为"VJD",这样两个字就分开了,输入时就不用选择。类似的字还有"乐"和"尔",编码都为"QI",加了识别码后,"乐"的编码为"QII","尔"的编码为"QIU"。

具体的识别码实例如表4-4所示。

表 4-4　　　　　　　　识别码拆分示例表

汉字	拆成的字根	字根码	末笔代号	字型代号	识别码	编码
苗	艹田	AL	一 1	2	12 F	ALF
析	木斤	SR	丨 2	1	21 H	SRH
灭	一火	GO	丶 4	3	43 I	GOI
未	二小	FI	丶 4	3	43 I	FII
迫	白辶	RP	一 1	3	13 D	RPD

关于末笔和字型的几项说明：

（1）对于"力、刀、九、匕"，鉴于这些字根的笔顺常常因人而异，五笔字型中特别规定，当它们参加识别时，一律以其最长的一笔"折"作为末笔。例如：

男　拆分为田力，末笔为折 5，上下型 2，识别码为 B，所以编码为 LLB

花　拆分为艹亻匕，末笔为折 5，上下型 2，识别码为 B，所以编码为 AWXB

（2）全包围型的汉字如"国、团、园"和半包围型的汉字如"进、远、连"等，因为是 1 个部分被包围，所以规定：将被包围部分的末笔作为该汉字的末笔。例如：

进　拆分为二丿辶，末笔为丨 2，杂合型 3，识别码为 K，所以编码为 FJPK

团　拆分为囗十丿，末笔为丿 3，杂合型 3，识别码为 E，所以编码为 LFTE

哉　拆分为十戈口，末笔为一 1，杂合型 3，识别码为 D，所以编码为 FAKD

（3）对于"我、成、伐"等字的末笔，规定撇"丿"为字的末笔。

（4）对于"义、太、勺"等字中的点，由于离字根的距离可近可远，很难确定，所以一律规定这种单独存在的点与其附近的字根是相连的，属于杂合型3。例如：

义 拆分为丶乂，末笔为丶3，杂合型3，识别码为I，所以编码为YQI

太 拆分为大丶，末笔为丶3，杂合型3，识别码为I，所以编码为DYI

(5) 字型区别时，也用"能散不连"的原则，例如"矢、卡、见、严"等汉字都视为上下型。

(6) 以下各常用字为杂合型：可、床、厅、龙、尼、后、反、处、办、皮、飞、死、压。但相似的：右、左、看、者、友、灰等视为上下型。

这里推荐一首编码的口诀，供取码时参考：

五笔字型均直观，依照笔顺把码编；

键名汉字击四下，基本字根需照搬；

一二三末取四码，顺序拆分大优先；

不足四码要注意，交叉识别补后边。

为了帮助记忆，请仔细浏览图4-2所示的五笔字型编码流程图。

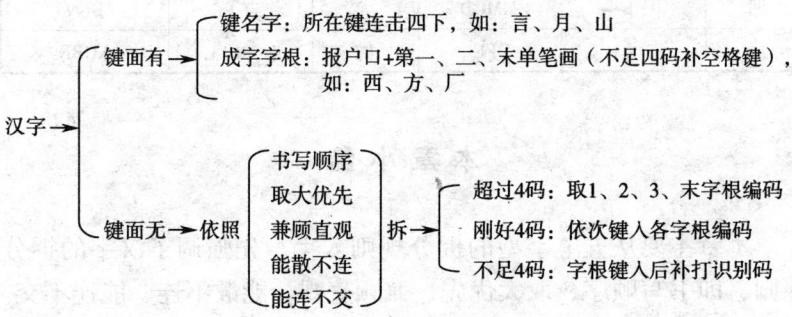

图4-2 五笔字型编码流程

4.3 难拆分汉字

现给出一些难拆字的拆分方法，读者可以对这些字加以仔细练习推敲，对以后熟练拆分字根很有帮助。具体的一些难拆字拆分示例见表4-5。

表4-5　　　　　五笔字型难字拆分示例表

汉字	字根分解	编码	汉字	字根分解	编码
续	纟十冖大	XFND	紧	刂又幺小	JCXI
容	宀八八口	PWWK	磨	广木木石	YSSD
酸	西一厶夂	SGCT	丧	十丷长	FUEU
年	乍十	RHFK	重	丿一日土	TGJF
万	丆乙	DNV	旅	方𠂉长	YTEY
乘	禾丬匕	TUXV	夹	一丷人	GUWI
书	乛丨丶	NNHY	貌	豸白儿	EERQ
凸	丨一冂一	HGMG	船	丿舟几口	TEMK
凹	冂丨一	MMGD	尤	㐅乙	DNV
辰	厂二长	DFEI	纯	纟一凵乙	XGBN

本章小结

本章主要从五笔字型的拆分规则入手，先强调了汉字的拆分原则，即书写顺序、取大优先、兼顾直观、能散不连、能连不交。在遵守了拆分原则的基础上，分别介绍了键名字、成字字根、普通字根以及普通汉字的输入方法，并以一些难拆字的拆分为例，使读者进一步掌握汉字的拆分方法。

练习与提高

1. 选择题

（1）下面五笔字型输入法拆字原则错误的是（　　）。
A. 取大优先　　　　B. 能交不连
C. 兼顾直观　　　　D. 能散不连

（2）在下面的汉字中，（　　）不是一级简码。
A. 在　　B. 我　　C. 言　　D. 经

（3）在下面的汉字中，（　　）不是键名字。
A. 民　　B. 王　　C. 工　　D. 立

2. 填空题

（1）如果在一个汉字中遇到了有"散"的拆法，又有"连"和"交"的拆法，这时该优先考虑_____。

（2）在判断五笔字型的汉字识别码时，对于末笔字根为"九、刀、七、力"这类汉字，其末笔规定为_____。

（3）在五笔字型字根表中，除25个键名字根外，还有一些完整的汉字，称为_____。

3. 上机题

命	（　）	场	（　）	理	（　）	器	（　）	论	（　）
度	（　）	建	（　）	表	（　）	强	（　）	象	（　）
革	（　）	区	（　）	深	（　）	教	（　）	真	（　）
而	（　）	者	（　）	些	（　）	造	（　）	热	（　）
多	（　）	群	（　）	资	（　）	孔	（　）	带	（　）
族	（　）	型	（　）	事	（　）	解	（　）	舞	（　）
亚	（　）	它	（　）	批	（　）	系	（　）	斯	（　）

续表

搞	( )	最	( )	基	( )	越	( )	装	( )
非	( )	气	( )	转	( )	查	( )	单	( )
构	( )	通	( )	验	( )	施	( )	再	( )
圆	( )	数	( )	颠	( )	药	( )	史	( )
神	( )	定	( )	般	( )	德	( )	步	( )
感	( )	家	( )	学	( )	势	( )	修	( )
示	( )	党	( )	级	( )	虫	( )	特	( )
复	( )	量	( )	能	( )	白	( )	题	( )
求	( )	电	( )	阶	( )	马	( )	委	( )
差	( )	线	( )	制	( )	石	( )	试	( )
敖	( )	肤	( )	罡	( )	末	( )	旋	( )
拜	( )	芫	( )	击	( )	耙	( )	丐	( )
阩	( )	裁	( )	考	( )	监	( )	事	( )
伟	( )	腓	( )	求	( )	丙	( )	吏	( )
囊	( )	铺	( )	伏	( )	其	( )	咸	( )
卤	( )	东	( )	平	( )	靶	( )	啄	( )
曹	( )	束	( )	来	( )	震	( )	兀	( )
市	( )	刺	( )	巫	( )	泰	( )	成	( )
拔	( )	戒	( )	甩	( )	册	( )	而	( )
夷	( )	既	( )	面	( )	曳	( )	黑	( )
捷	( )	臣	( )	县	( )	申	( )	免	( )
炖	( )	互	( )	典	( )	遇	( )	裹	( )
爽	( )	死	( )	丹	( )	扁	( )	勤	( )
秉	( )	舆	( )	卵	( )	瓜	( )	鹿	( )
囱	( )	禹	( )	缸	( )	段	( )	该	( )

续表

拆	( )	鸟	( )	卸	( )	沈	( )	州	( )
所	( )	丢	( )	片	( )	脊	( )	羞	( )
毋	( )	群	( )	庸	( )	敞	( )	插	( )
书	( )	追	( )	棣	( )	离	( )	电	( )
幽	( )	食	( )	臧	( )	首	( )	央	( )
报	( )	忧	( )	刁	( )	脉	( )	蓉	( )
亟	( )	弟	( )	鹤	( )	乎	( )	莹	( )

第 5 章 汉字录入快速提高

学习要点

- 五笔字型的简码输入
- 词组输入方法
- 万能键使用

5.1 五笔字型的简码输入

按照标准的五笔字型输入法输入汉字最多可以取 4 个编码，对于一些经常使用的汉字每次输入都要将汉字拆分成 4 码，严重影响输入速度，对那些常用的汉字五笔字型输入法制定了一级简码、二级简码、三级简码规则。在输入汉字时，充分利用简码可以提高输入速度。由于各级简码的汉字总数已有 5000 多个，它们已占了常用汉字中的绝大多数，因此使得简码输入变得非常简明直观，如能熟练应用，可以大大提高输入效率。

一、一级简码

如图 5 - 1 所示的五笔键盘，从 11 - 55 共有 25 个键位代码，根据每键位上的字根形态特征，每键安排一个最为常用的高频汉字，这类字只要击键一次，再加击一次空格键，即可输入。下面是 25 个键对应的一级简码字。

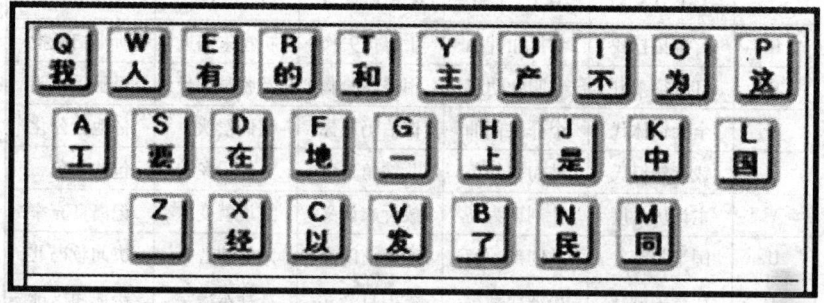

图 5-1　一级简码

二、二级简码

二级简码字的简码和其全码的前两位相同，即只要输入前两个字根编码 + 空格，二级简码的汉字有近 600 个，如表 5-1 所示。

表 5-1　　　　　　　　二级简码表

	GFDSA	HJKLM	TREWQ	YUIOP	NBVCX
G	五于天末开	下理事画现	玫珠表珍列	玉平不来	与屯妻到互
F	二寺城霜载	直进吉协南	才垢圾夫无	坟增示赤过	志地雪支
D	三夯大厅左	丰百右历面	帮原胡春克	太磁砂灰达	成顾肆友龙
S	本村枯林械	相查可楞机	格析极检构	术样档杰棕	杨李要权楷
A	七革基苛式	牙划或功贡	攻匠菜共区	芳燕东　芝	世节切芭药
H	睛睦睚盯虎	止旧占卤贞	睡眯肯具餐	眩瞳步眯瞎	卢　眼皮此
J	量时晨果虹	早昌蝇曙遇	昨蝗明蛤晚	景暗晃显晕	电最归紧昆
K	呈叶顺呆呀	中虽吕另员	呼听吸只史	嘛啼吵　喧	叫啊哪吧哟
L	车轩因困	四辊加男轴	力斩胃办罗	罚较 轳边	思团轨轻累
M	同财央朵曲	由则　崭册	几贩骨内风	凡赠峭　迪	岂邮 凤
T	生行知条长	处得各务向	笔物秀答称	入科秒秋管	秘季委么第

续表

	GFDSA	HJKLM	TREWQ	YUIOP	NBVCX
R	后持拓打找	年提扣押抽	手折扔失换	扩拉朱搂近	所报扫反批
E	且肝须采肛	胆肿肋肌	用遥朋脸胸	及胶腔 爱	甩服妥肥脂
W	全会估休代	个介保佃仙	作伯仍从你	信们偿伙	亿他分公化
Q	钱针然钉氏	外旬名甸负	儿铁角欠多	久勺乐炙锭	包凶争色
Y	主计庆订度	让刘训为高	放诉衣认义	方说就变这	记离良充率
U	闰半关亲并	站间部曾商	产瓣前闪交	六立冰普帝	决闻妆冯北
I	汪法尖洒江	小浊澡渐没	少泊肖兴光	注洋水淡学	沁池当汉涨
O	业灶类灯煤	粘烛炽烟灿	烽煌粗粉炮	米料炒炎迷	断籽娄烃糯
P	定守害宁宽	寂审宫军宙	客宾家空宛	社实宵灾之	官宫安 它
N	怀导居 民	收慢避惭届	必怕 愉懈	心习悄屡忧	忆敢恨怪尼
B	卫际承阿陈	耻阳职阵出	降孤阴队隐	防联孙耿辽	也子限取陛
V	姨寻姑杂毁	旭如舅妯	九 奶 婚	妨嫌录灵巡	刀好妇妈姆
C	骊对参骠戏	骒台劝观	矣牟能难允	驻 驼	马邓艰双
X	线结顷 红	引旨强细纲	张绵级给约	纺弱纱继综	纪弛绿经比

三、三级简码

输入三级简码字需要击四键（含一个空格键），三个简码字母与全码的前三者相同，看上去击键次数虽仍为四键，没有减少总的击键次数，但由于省略了第 4 个字根的判定或者交叉识别码的判定，可达到提高编码速度。三级简码字最多有 $25 \times 25 \times 25 = 15625$ 个，但实际上三级简码字仅有约 4000 多个。

5.2 词组输入

在五笔字型中词组可分为两字词组、三字词组、四字词组、多字词组。不管词组包含了多少个汉字，取码时最多也只取 4 码，通过词组来输入更能提高汉字的输入速度。

一、两字词组录入

两字词组的词：由所含的两个汉字各取前两个字根组成四位编码。如：

词组：讠丩纟月 YNXE　　机器：木几口口 SMKK
包含：勹巳人丶 QNWY　　汉字：氵又宀子 ICPB
计算：讠十竹目 YFTH　　时间：日寸门日 JFUJ

二、三字词组录入

三字词组的词：前两汉字各取第一字根，最后一字取前两个字根共组成四位编码。如：

计算机：讠竹木几 YTSM　　公务员：八夂口贝 WTKM
电视机：日礻木几 JPSM　　人民币：人尸丿冂 WNTM
操作员：扌亻口贝 RWKM　　联合国：耳人口王 BWLG
组织部：纟纟立口 XXUK　　办事处：力一夂卜 LGTH

三、四字词组录入

四字词组的词：每个汉字取第一个字根码组成的四位编码。如：

调查研究：讠木石宀 YSDP　　澳大利亚：氵大禾一 IDTG
家用电器：宀用曰口 PEJK　　新闻联播：立门耳扌 UUBR
五笔字型：一竹宀一 GTPG　　程序设计：禾广讠讠 TYYY
电话号码：曰讠口石 JYKD　　工作人员：工亻人口 AWWK

四、多字词组录入

多字词组的词：输入第一、第二、第三和最末一个汉字的第一个字根，组合成四位编码。如：

新疆维吾尔自治区：立弓纟匚 UXXA

中华人民共和国：口亻人囗 KWWL

5.3 万能键（Z）

26 个英文字母键"五笔键盘"只用了 25 个，还有一个 Z 键没有用。当你对某一汉字的拆分一时难以确定时，都可以用"Z"来代表，由于提示行中的每个字后边都显示有它的正确外码，因而还可以从这里学习有关汉字的正确输入码。

例如：你要打入一个"营"字，而又记不清第二个字根怎么打，这时你可以打"艹 Z 口口"这样四个键，结果提示行中显示出"营 PKK"，这表示符合你刚打入字根组合的字只有一个"营"字。你只要按一下数字键 3，"营"字就自动显示在正常编辑位置上。

本 章 小 结

本章主要介绍一级、二级、三级简码的编码规则，其中一级简码 25 个，它们分布在 25 个字母键上，一键一字；而二级、三级较多，不需要用户记住汉字，但要熟练掌握其编码的规则。掌握词组的输入方法能快速提高打字速度，本章详细介绍了两字、三字、四字和多字词的编码规则。

练习与提高

1. 选择题

（1）在下面的汉字中（　　）不是一级简码。

A. 我　　　B. 干　　　C. 为　　　D. 以

（2）在五笔字型输入法中,"黑龙江"一词组的编码是（　　）。

A. LFDI　　B. LDIA　　C. LGIA　　D. LUDI

（3）在五笔字型输入法中,"大家"一词组的编码是（　　）。

A. DDPE　　B. DGPG　　C. DDPG　　D. DGPE

（4）在五笔字型输入法中,"和平"一词组的编码是（　　）。

A. TKGU　　B. TSGU　　C. TKFH　　D. TKFU

（5）在五笔字型输入法中,"提高"一词组的编码是（　　）。

A. RJYK　　B. RJYM　　C. RGYK　　D. RJYG

2. 填空题

（1）在五笔字型字根表中,除 25 个键名字根外,还有一 Z 键称为_____键。

（2）多字词组的词：输入第一、第二、第三和最末一个汉字的第_____个字根,组合成四位编码。

3. 上机题

（1）一级简码汉字练习

我：（　　）地：（　　）在：（　　）上：（　　）

的：（　　）有：（　　）为：（　　）了：（　　）

中：（　　）国：（　　）以：（　　）人：（　　）

民：（　　）和：（　　）主：（　　）工：（　　）

这：（　　）发：（　　）经：（　　）不：（　　）

产：（　　）同：（　　）要：（　　）是：（　　）

一：（　　）

（2）二级简码汉字练习

载：（　　）用：（　　）止：（　　）就：（　　）

料：（　　）伯：（　　）迷：（　　）脸：（　　）

他：（　　）朋：（　　）丰：（　　）肯：（　　）

行：（　　）注：（　　）淡：（　　）吸：（　　）

全:(　　　) 长:(　　　) 笔:(　　　) 务:(　　　)
保:(　　　) 样:(　　　) 明:(　　　) 肋:(　　　)
偿:(　　　) 办:(　　　) 少:(　　　) 膛:(　　　)
互:(　　　) 呼:(　　　)

(3) 词组练习

键盘:(　　　) 词组:(　　　) 练习:(　　　)
巩固:(　　　) 选择:(　　　) 填空:(　　　)
科学:(　　　) 技术:(　　　) 汉字:(　　　)
权力:(　　　) 素质:(　　　) 答案:(　　　)
朋友:(　　　) 任何:(　　　) 美观:(　　　)
状态:(　　　) 放弃:(　　　) 事实:(　　　)
相信:(　　　) 字根:(　　　) 友好:(　　　)
革命:(　　　) 方向:(　　　) 前进:(　　　)
你们:(　　　) 容易:(　　　) 观察:(　　　)
心灵:(　　　) 拍卖:(　　　) 启动:(　　　)
检查:(　　　) 创业:(　　　) 联系人:(　　　)
工程师:(　　　) 大学生:(　　　) 运动会:(　　　)
世界观:(　　　) 图书馆:(　　　) 知名度:(　　　)
艺术家:(　　　) 研究生:(　　　) 动物园:(　　　)
演唱会:(　　　) 通讯录:(　　　) 工作人员:(　　　)
莫名其妙:(　　　) 蒸蒸日上:(　　　) 承前启后:(　　　)
半途而废:(　　　) 大显身手:(　　　) 一丝不苟:(　　　)
眼高手低:(　　　) 针锋相对:(　　　) 廉洁奉公:(　　　)
义不容辞:(　　　) 奥林匹克:(　　　) 操作系统:(　　　)
社会主义:(　　　)　　职业道德:(　　　)
中国人民解放军:(　　　)　　西藏自治区:(　　　)
历史唯物主义:(　　　)

第6章 五笔打字练习软件

学习要点

- 创建登录用户
- 英文打字
- 中文打字
- 速度测试

《金山打字2006》是金山公司推出的两款教育系列软件之一，是一款功能齐全、数据丰富、界面友好、集打字练习和测试于一体的打字软件。所有练习用词汇和文章都分专业和通用两种，用户可根据需要进行选择。打字教程形象生动，使练习者能以最快的速度学会打字；打字游戏设计巧妙，让练习者在妙趣横生的游戏中无形地提高对键盘的熟悉程度和文章盲打的水平。

6.1 "金山打字"的学前测试

用户在进行练习之前，一般要先考察自己目前实际的打字水平，金山打字软件为用户提供了学前测试功能：双击桌面上"金山打字"图标如图6-1所示，进入如图6-2所示金山打字软件窗口，第一次进入界面时会弹出如图6-3所示"用户登录"对话框，用户可以为自己创建一个登录名，以便以后练习时查看练习效果，若已存在其他用户名，用户也可直接输入新的登录名。

图6-1 金山打字图标

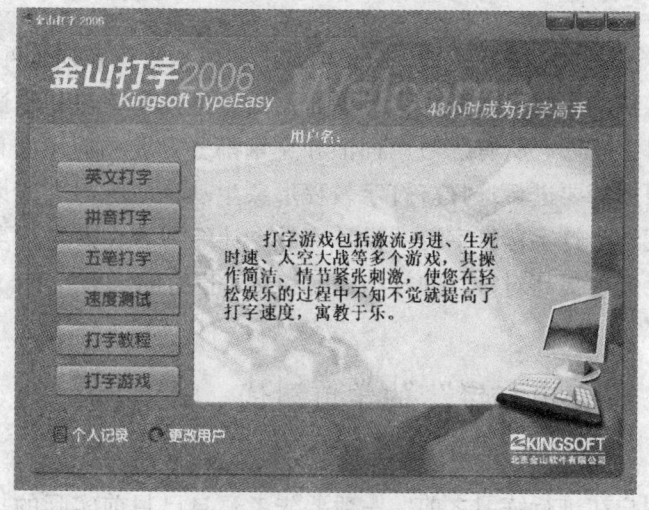

图6-2 金山打字软件窗口

选择用户名后，会弹出如图6-4所示"学前测试"对话框，此时可以选择进行中文或英文打字速度测试进行测试；若选择复选框"下次不再出现此窗口",则对于同一用户名每次进入金山打字软件后都不会再弹出"学前测试"对话框。

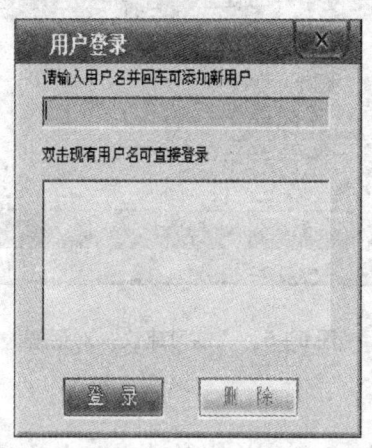

图6-3 "用户登录"对话框

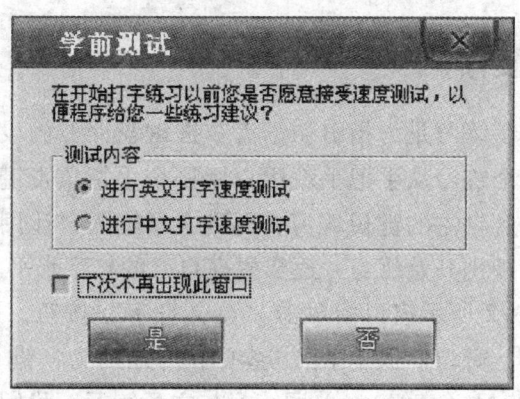

图6-4 "学前测试"对话框

在"学前测试"对话框中选择"进行中文打字速度测试"进行测试,测试完成或单击右下角"完成测试"按钮,会弹出如图6-5所示"练习建议"对话框,用户可根据需要自行选择相应按钮进行练习。

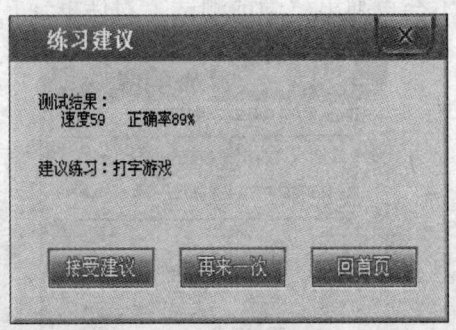

图6-5 "练习建议"对话框

6.2 "金山打字"软件的使用功能

一、英文打字

英文打字练习是为指引初学者掌握键盘而专门设计的初期练习教程,这个练习从手把手教用户用哪个手指负责键盘上的哪个键位开始,到自主的键位练习,再到文章输入,让用户可以从最基本的入门级别开始练习,逐步提高自己的打字水平。

在图6-2所示窗口中单击"英文打字"按钮,进入图6-6"键位练习"窗口。共有四个选项卡,分别为:键位练习(初级)、键位练习(高级)、单词练习与文章练习。我们以"键位练习(初级)"为例讲解使用方法。

单击图6-6右上方" 课程选择 "按钮,进入图6-7所示对话框进行具体练习课程的选择;单击" 设 置 "按钮,弹出图6-8所示对话框,进行相应音效设置。单击

第 6 章 五笔打字练习软件

图 6-6 "键位练习"窗口

" 数字键盘 "按钮,弹出图 6-9 所示窗口,进入相应练习。单击图 6-6 窗口中右下方"返回首页",即可回到图 6-2。

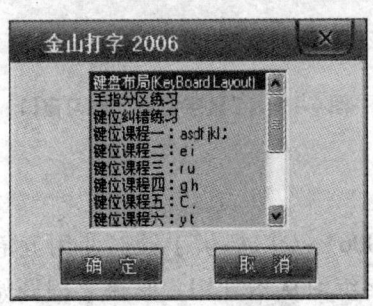

图 6-7 "课程选择"对话框

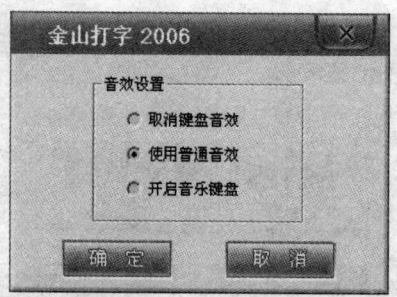

图 6-8 "设置"对话框

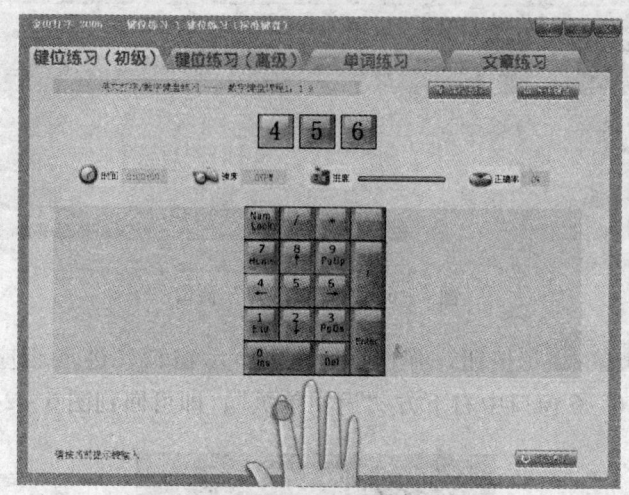

图 6-9 "数字键盘"练习窗口

二、五笔打字

《金山打字 2006》专门提供了针对使用五笔输入法用户的专项练习,五笔打字练习从指导用户掌握字根开始,练习的同时给出对应的五笔编码提示,遇到打不出来的汉字,只需查看屏幕下方的提示即可。

第6章 五笔打字练习软件

在图6-2所示窗口中单击"五笔打字"按钮，进入图6-10"五笔打字"窗口，包括四个选项卡，分别为：字根练习、单字练习、词组练习与文章练习，使用方法与英文打字基本相同。进行五笔练习时在窗口的右下方有相应编码提示。

五笔打字练习分为五笔86和五笔98两个版本的编码练习，用户可以通过图6-10右上方"设置"进行切换，在弹出的"五笔设置"对话框如图6-11中，用户可根据需要自行选择。

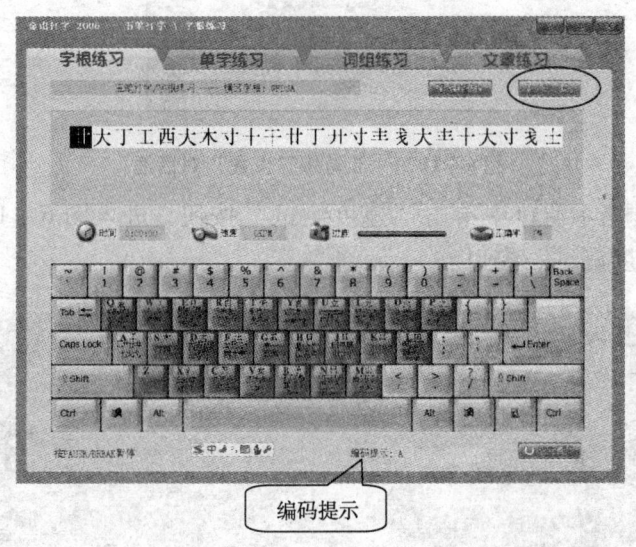

编码提示

图6-10 "五笔打字"窗口

在"单字练习"选项卡中用户可以根据"课程设置"按钮，选择一级简码、二级简码、三级简码与难拆字等进行练习。在"词组练习"选项卡中用户可以选择两字词组、三字词组及四字词组和多字词组等进行练习。

三、速度测试

通过一段时间的练习，检测自己的输入速度提高了多少，在

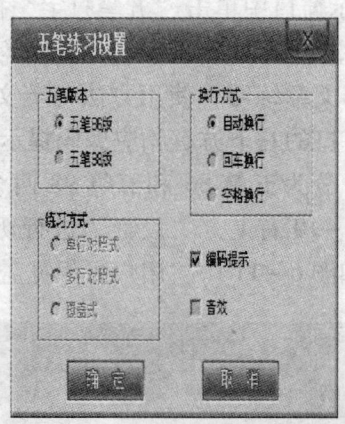

图 6-11 "五笔练习设置"对话框

图 6-2 所示窗口中单击"速度测试"按钮,进入图 6-12 所示的"速度测试"窗口。

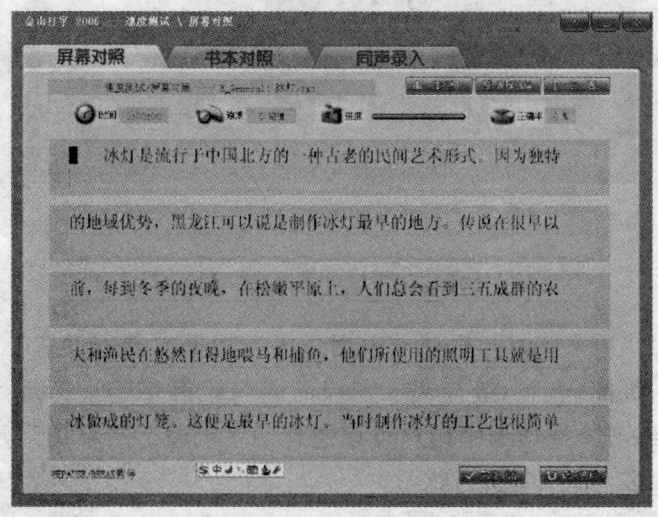

图 6-12 "速度测试"窗口

窗口包括三个选项卡,分别为:屏幕对照、书本对照和同声录入,单击"课程选择"按钮,弹出如图6-13所示对话框,用户可选择中文或英文的不同文章进行测试;单击"设置"按钮,弹出如图6-14所示对话框,用户可对测试的练习方式、完成方式等进行设置。

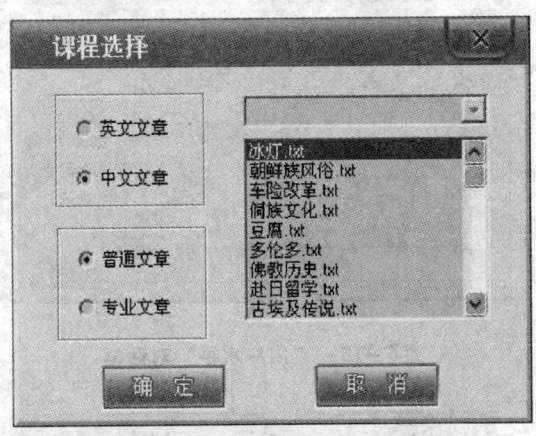

图6-13 "课程选择"对话框

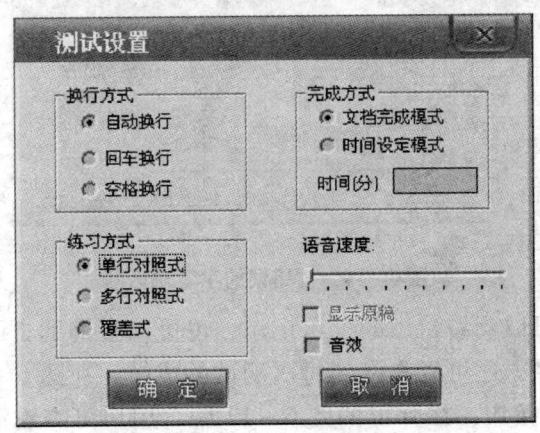

图6-14 "测试设置"对话框

在图 6-12 中单击"完成测试"按钮或已到达设定测试时间时，会弹出如图 6-15 所示"用户水平"对话框。选择"错误的字"单选框，会出现如图 6-16 所示结果。

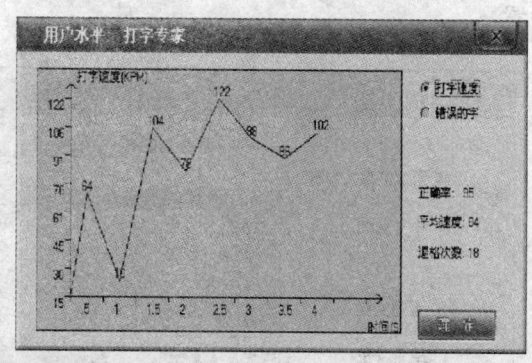

图 6-15 "用户水平"对话框

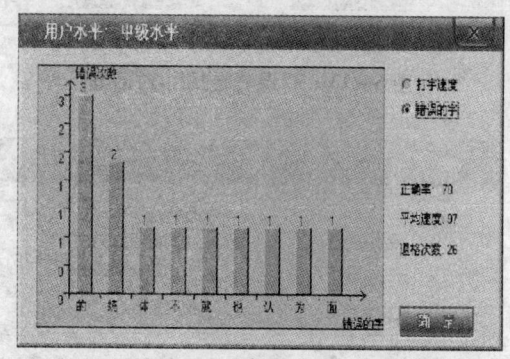

图 6-16 "错误的字"对话框

用户可以查看自己的学习记录，也可以查询到自己常打错的字母及汉字，还可以查询到每次测试的成绩。在图 6-12 中单击"排行榜"按钮，在弹出的图 6-17 中，用户可查看测试结果进行比较。

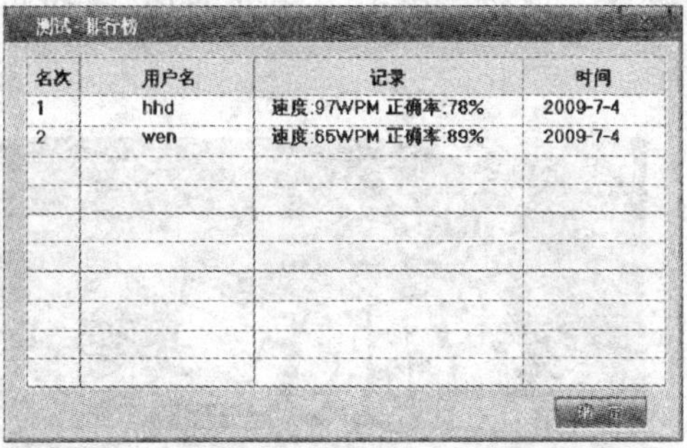

第 6 章 五笔打字练习软件

图 6-17 "排行榜"对话框

四、打字游戏

经常对着枯燥的文章来练习，时间长了会让人觉得很无聊，《金山打字 2006》还提供了 5 款打字游戏（生死时速、太空大战、鼠的故事、激流勇进、拯救苹果），让用户在游戏的氛围下，轻松学打字。

在图 6-2 所示窗口中单击"打字游戏"按钮，进入图 6-18 "打字游戏"窗口。

图 6-18 "打字游戏"窗口

生死时速：警察抓小偷，在打字中体验抓与逃的乐趣。在图

6-18"打字游戏"窗口,单击"生死时速",将进入如图6-19所示界面。

图6-19 "生死时速"窗口

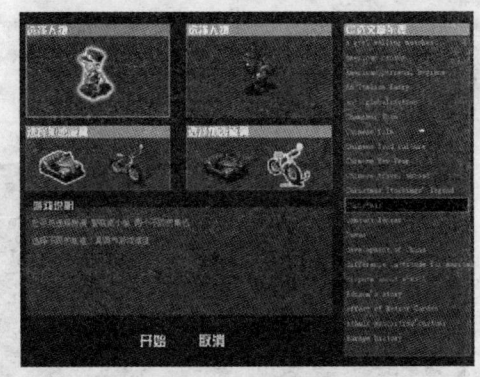

图6-20 "生死时速"设置窗口

游戏内容:生死时速是角色扮演类游戏,分单人游戏与多人游戏。

如果用户选择"单人游戏",可以任意选择小偷或警察的角色,用户需要根据输入栏的文章敲入字母,敲对了前进,如果敲错,直到敲对以后才能继续前进。跑完所有道路后,如果警察还没有赶上小偷，小偷就取得胜利；如果警察追上小偷，警察就取得胜利。其中，用户可以在游戏设置中选择加速工具，加快自身的运行速度。在图6-20所示设置窗口中选择道具和文章；如果用户选择"多人游戏"，在局域网中的两个人可以商量好谁选警察，谁选小偷。玩家选好角色后，等网络完成连接后，就能开始游戏了。

其他游戏还有太空大战、鼠的故事、激流勇进、拯救苹果，这里不再详述。

本 章 小 结

《金山打字2006》界面友好，各种打字练习齐全，可供练习的文章丰富，为初学者和想提高输入速度的用户提供了一个良好的打字练习工具。英文打字由键位记忆到文章练习逐步让用户盲打并提高打字速度。五笔打字分为86版和98版两个版本的编码，从字根、简码到多字词组逐层逐级的练习。这些练习给初学者提供了极大的方便。三种速度测试方法让不同级别的用户测出自己的打字水平，并且根据测试结果指导用户进行针对性的练习，寓教于乐的打字游戏更是利于用户打字速度的提高。

附录 常用汉字五笔编码速查表

A

拼音（a）		
汉字	五笔字根	字母
啊	口阝丁口	KBSK(2)
阿	阝丁口	BSKG(2)
吖	口丷丨	KUHH(3)
锕	钅阝丁口	QBSK(3)

拼音（ai）		
哀	亠𧘇	YEU
哎	口艹乂	KAQY(3)
唉	口厶𠂉大	KCTD(3)
埃	土厶𠂉大	FCTD(3)
挨	扌厶𠂉大	RCTD(3)
锿	钅亠𧘇	QYEY
捱	扌厂土土	RDFF
皑	白山己	RMNN
癌	疒口口山	UKKM(3)
嗳	口爫冖又	KEPC(3)
矮	𠂉大禾女	TDTV
蔼	艹讠曰匕	AYJN(3)
霭	雨讠曰匕	FYJN(3)
爱	爫冖𠂇又	EPDC(2)
艾	艹乂	AQU
砹	石艹乂	DAQY
隘	阝䒑八皿	BUWL(3)

嗌	口䒑八皿	KUWL(3)
媛	女爫冖又	VEPC(3)
暧	日爫冖又	JEPC(3)
瑷	王爫冖又	GEPC(3)
砹	石曰一寸	DJGF(3)

拼音（an）		
安	宀女	PVF(2)
按	扌宀女	RPVG(3)
铵	钅宀女	QPVG(3)
胺	月宀女	EPVG(3)
桉	木宀女	SPVG(3)
氨	𠂉乁宀女	RNPV(3)
鞍	廿丨宀女	AFPV(3)
谙	讠立日	YUJG(3)
鹌	大曰乚一	DJNG
庵	广大曰乚	YDJN
俺	亻大曰乚	WDJN
埯	土大曰乚	FDJN(3)
揞	扌立日	RUJG
犴	犭干	QTFH
岸	山厂干	MDFJ
案	宀女木	PVSU(3)
暗	日立日	JUJG(3)
黯	黑土灬日	LFOJ

拼音（ang）		
肮	月亠几	EYMN(3)

汉字	五笔字根	字母
昂	曰匚卩	JQBJ(3)
盎	冂大皿	MDLF(3)
拼音（ao）		
凹	几丿一	MMGD
坳	土幺力	FXLN(3)
熬	耂勹攵灬	GQTO
敖	耂勹攵	GQTY
嗷	口耂勹攵	KGQT
廒	广耂勹攵	YGQT(3)
獒	耂勹攵犬	GQTD
遨	耂勹攵辶	GQTP
聱	耂勹攵耳	GQTB
螯	耂勹攵虫	GQTJ
鳌	耂勹攵一	GQTG
骜	耂勹攵马	GQTC
麈	广コ刂金	YNJQ
袄	衤丶丿大	PUTD(3)
翱	白大十羽	RDFN
媼	女日皿	VJLG(3)
夭	丿大山	TDMJ(3)
傲	亻耂勹攵	WGQT(3)
奥	丿冂米大	TMOD(3)
澳	氵丿冂大	ITMD(3)
懊	忄丿冂大	NTMD(3)

B

拼音（ba）		
汉字	五笔字根	字母
八	八丿丶	WTY
巴	巴乛丨乚	CNHN(3)
叭	口八	KWY
扒	扌八	RWY
吧	口巴	KCN(2)
岜	山巴	MCB
芭	艹巴	ACB(2)
疤	疒巴	UCV
捌	扌口力刂	RKLJ
笆	竹巴	TCB
粑	米巴	OCN
拔	扌犮又	RDCY
茇	艹犮又	ADCU
菝	艹扌犮又	ARDC
跋	口止犮又	KHDC
魃	白儿厶又	RQCC
把	扌巴	RCN
钯	钅巴	QCN
靶	廿串巴	AFCN(3)
坝	土贝	FMY
爸	八乂巴	WQCB
罢	罒土厶	LFCU
鲅	鱼一犮又	QGDC
霸	雨廿串月	FAFE(3)
灞	氵雨廿月	IFAE(3)
拼音（bai）		
白	白白白白	RRRR(3)
柏	木白	SRG
百	厂日	DJF(2)
摆	扌罒土厶	RLFC(3)
佰	亻厂日	WDJG(3)
败	贝攵	MTY

汉字	字根	编码	汉字	字根	编码
拜	手三十	RDFH	榜	木⺈冖方	SUPY(3)
稗	禾白丿十	TRTF	绑	纟三丨阝	XDTB(3)
捭	扌白丿十	RRTF(3)	膀	月⺈冖方	EUPY(3)
掰	手八刀手	RWVR	棒	木三八丨	SDWH(3)
拼音（ban）			磅	石⺈冖方	DUPY(3)
斑	王文王	GYGG(3)	蚌	虫三丨	JDHH(3)
班	王、丿王	GYTG(3)	镑	钅⺈冖方	QUPY(3)
搬	扌丿舟又	RTEC(3)	傍	亻⺈冖方	WUPY(3)
扳	扌厂又	RRCY(3)	谤	讠⺈冖方	YUPY(3)
般	丿舟几又	TEMC(3)	旁	艹⺈冖方	AUPY
颁	八刀厂贝	WVDM(3)	浜	氵斤一八	IRGW
板	木厂又	SRCY(3)	**拼音（bao）**		
扮	扌八刀	RWVN(3)	苞	艹⺈巳	AQNB(3)
拌	扌丷十	RUFH	胞	月⺈巳	EQNN(3)
版	丿丨一又	THGC	包	⺈巳	QNV(2)
伴	亻丷十	WUFH(3)	褒	亠亻口衣	YWKE(3)
瓣	辛厂厶辛	URCU(2)	剥	ヨ水刂	VIJH
半	丷十	UFK(2)	薄	艹氵一寸	AIGF(3)
办	力八	LWI(2)	雹	雨⺈巳	FQNB(3)
绊	纟丷十	XUFH(3)	保	亻口木	WKSY(2)
阪	阝厂又	BRCY	堡	亻口木土	WKSF
坂	土厂又	FRCY(3)	饱	饣乚⺈巳	QNQN
钣	钅厂又	QRCY(3)	宝	宀王、	PGYU(3)
瘢	疒丿舟又	UTEC	抱	扌⺈巳	RQNN(3)
癍	疒王文王	UGYG(3)	报	扌卩又	RBCY(2)
舨	丿舟厂又	TERC	暴	日艹八水	JAWI(3)
拼音（bang）			豹	爫勹、	EEQY
邦	三丿阝	DTBH(3)	鲍	鱼一⺈巳	QGQN(3)
帮	三丿阝丨	DTBH	爆	火日艹水	OJAI(3)
梆	木三丿阝	SDTB(3)	葆	艹亻口木	AWKS(3)

孢	子勹巳	BQNN(3)		拼音（ben）		
煲	亻口木火	WKSO		奔	大十廾	DFAJ(3)
鸨	匕十勹一	XFQG(3)		苯	廾木一	ASGF(3)
褓	衤子亻木	PUWS		本	木一	SGD(2)
龅	止人凵巳	HWBN		笨	竹木一	TSGF(3)
	拼音（bei）			畚	厶大田	CDLF(3)
杯	木一小	SGIY(3)		坌	八刀土	WVFF
碑	石白丿十	DRTF(3)		锛	钅大十廾	QDFA(3)
悲	三丨三心	DJDN		贲	十廾贝	FAMU(3)
卑	白丿十	RTFJ			拼音（beng）	
北	丬匕	UXN(2)		崩	山月月	MEEF(3)
辈	三丨三车	DJDL		绷	纟月月	XEEG(3)
背	丬匕月	UXEF(3)		甭	一小用	GIEJ(3)
贝	贝丨丶	MHNY		泵	石水	DIU
钡	钅贝	QMY		蹦	口止山月	KHME
倍	亻立口	WUKG(3)		迸	丷廾辶	UAPK(3)
狈	犭丿贝	QTMY		嘣	口山月月	KMEE(3)
备	夂田	TLF		髭	士口丷乙	FKUN
惫	夂田心	TLNU(3)			拼音（bi）	
焙	火立口	OUKG(3)		逼	一口田辶	GKLP
被	衤く广又	PUHC		鼻	丿目田丨	THLJ(3)
邶	丬匕阝	UXBH(3)		荸	廾十冖子	AFPB
呗	口贝	KMY		比	匕匕	XXN(2)
悖	忄十冖子	NFPB		鄙	口十口阝	KFLB(3)
碚	石立口	DUKG(3)		笔	竹丿二乙	TTFN(2)
鞴	白丿十一	RTFG		彼	彳广又	THCY(3)
褙	衤く丬月	PUUE		匕	匕丿乚	XTN
鐾	尸口辛金	NKUQ		俾	亻白丿十	WRTF
鞴	廿申艹用	AFAE		芘	廾匕匕	AXXB(3)
庳	广白丿十	YRTF(3)		吡	口匕匕	KXXN(3)

妣	女卜匕	VXXN(3)		嬖	尸口辛女	NKUV
秕	禾卜匕	TXXN(3)		畀	田一丌	LGJJ(3)
舭	ノ舟卜匕	TEXX(3)		铋	钅心丿	QNTT
碧	王白石	GRDF(3)		裨	礻ノ白十	PURF(3)
蓖	艹ノ口匕	ATLX(3)		箅	竹卜匕十	TXXF
蔽	艹丷冂攵	AUMT(3)		算	竹田一丌	TLGJ(3)
毕	卜匕十	XXFJ(3)		筐	竹ノ口匕	TTLX
毙	卜匕一匕	XXGX		襞	尸口辛衣	NKUE
毖	卜匕心丿	XXNT		跸	口止卜十	KHXF
币	ノ冂丨	TMHK(3)		髀	骨月白十	MERF
庇	广卜匕	YXXV(3)		痹	疒田一丌	ULGJ
闭	门十丿	UFTE(3)		辟	尸口辛	NKUH(3)
敝	丷冂小攵	UMIT(3)		**拼音（bian）**		
弊	丷冂小廾	UMIA		鞭	廿串亻乂	AFWQ(3)
必	心丿	NTE(2)		煸	火丶尸艹	OYNA
壁	尸口辛土	NKUF		蝙	虫丶尸艹	JYNA
璧	尸口辛丶	NKUY		笾	竹力辶	TLPU(3)
臂	尸口辛月	NKUE		鳊	鱼一丶艹	QGYA
避	尸口辛辶	NKUP(2)		边	力辶	LPV(2)
陛	阝卜匕土	BXXF(2)		编	纟丶尸艹	XYNA
荜	艹卜匕十	AXXF		贬	贝ノ之	MTPY(3)
萆	艹白ノ十	ARTF(3)		扁	丶尸冂艹	YNMA
薛	艹尸口辛	ANKU(3)		匾	匚丶尸艹	AYNA
哔	口卜匕十	KXXF		砭	石ノ之	DTPY(3)
狴	犭ノ卜土	QTXF		碥	石丶尸艹	DYNA
愎	忄𠂉曰攵	NTJT		窆	宀八ノ之	PWTP
滗	氵竹ノ乚	ITTN(3)		褊	礻丶艹	PUYA
潷	氵ノ目丨	ITHJ		便	亻一曰乂	WGJQ(3)
弼	弓丂日弓	XDJX(3)		变	亠小又	YOCU(2)
婢	女白ノ十	VRTF(3)		卞	亠卜	YHI

附　录

辨	辛丶丿辛	UYTU(3)		别	口力刂	KLJH(3)
辩	辛讠辛	UYUH(3)		蹩	丷冂小止	UMIH
辫	辛纟辛	UXUH(3)		瘪	疒丿目匕	UTHX
遍	丶尸冂辶	YNMP(3)		**拼音（bin）**		
弁	厶廾	CAJ		彬	木木彡	SSET(3)
苄	艹丶卜	AYHU(3)		斌	文一弋止	YGAH(3)
忭	忄丶卜	NYHY		濒	氵止少贝	IHIM
汴	氵丶卜	IYHY(3)		滨	氵宀斤八	IPRW
缏	纟亻一乂	XWGQ		宾	宀斤一八	PRGW(2)
拼音（biao）				傧	亻宀斤八	WPRW(3)
标	木二小	SFIY(3)		豳	豕豕山	EEMK
彪	虍七几彡	HAME		缤	纟宀斤八	XPRW(3)
膘	月西二小	ESFI(3)		玢	王八刀	GWVN(3)
骠	马西二小	CSFI(3)		槟	木宀斤八	SPRW(3)
麃	几乂勹巳	MQQN		镔	钅宀斤八	QPRW(3)
飚	犬犬犬乂	DDDQ		摈	扌宀斤八	RPRW(3)
飙	几乂火火	MQOO(3)		殡	一夕宀八	GQPW(3)
镖	钅西二小	QSFI(3)		膑	月宀斤八	EPRW(3)
镳	钅广口灬	QYNO		髌	骨宀八	MEPW
瘭	疒西二小	USFI(3)		鬓	镸彡宀八	DEPW
表	垚衣	GEU(2)		**拼音（bing）**		
婊	女垚衣	VGEY		兵	斤一八	RGWU(3)
裱	衤垚衣	PUGE		冰	冫水	UIY(2)
鳔	鱼一西小	QGSI(3)		柄	木一冂人	SGMW(3)
拼音（bie）				丙	一冂人	GMWI(3)
鳖	丷冂小一	UMIG		秉	丿一彐八	TGVI(3)
憋	丷冂小心	UMIN		饼	饣丷䒑廾	QNUA(3)
				炳	火一冂人	OGMW(3)
				邴	一冂人阝	GMWB

汉字	五笔字根	字母	汉字	五笔字根	字母
病	疒一冂人	UGMW(3)	簸	𥫗艹三又	TADC
并	䒑廾	UAJ(2)	跛	口止广又	KHHC
摒	扌尸䒑廾	RNUA	檗	尸口辛木	NKUS
	拼音（bo）		擘	尸口辛手	NKUR
剥	彐水刂	VIJH	啵	口氵广又	KIHC(3)
玻	王广又	GHCY(3)		**拼音（bu）**	
菠	艹氵广又	AIHC(3)	哺	日一月丶	JGEY
播	扌ノ米田	RTOL	醭	西一业	SGOY
拨	扌乚丿丶	RNTY(3)	卜	卜丨丶	HHY
钵	钅木一	QSGG(3)	哺	口一月丶	KGEY(3)
波	氵广又	IHCY(3)	补	衤卜	PUHY(3)
饽	饣乚十子	QNFB	卟	口卜	KHY
博	十一月寸	FGEF(3)	逋	一月丨辶	GEHP
勃	十冖子力	FPBL(3)	捕	扌一月丶	RGEY(3)
搏	扌一月寸	RGEF	埠	土亻冖十	FWNF(3)
铂	钅白	QRG	不	一小	GII(2)
箔	𥫗氵白	TIRF(3)	布	ナ冂丨	DMHJ(3)
伯	亻白	WRG(2)	步	止少	HIR(2)
帛	白冂丨	RMHJ(3)	簿	𥫗氵一寸	TIGF(3)
舶	ノ舟白	TERG(3)	部	立口阝	UKBH(2)
脖	月十冖子	EFPB(3)	怖	忄ナ冂丨	NDMH(3)
膊	月一月寸	EGEF	瓿	立口一乙	UKGN(3)
渤	氵十冖力	IFPL(3)	钚	钅一小	QGIY
泊	氵白	IRG(2)	钸	钅ナ冂丨	QDMH
驳	马乂乂	CQQY(3)			
礴	石艹氵寸	DAIF(3)		**C**	
钹	钅犮又	QDCY			
孛	十冖子一	FPBG		**拼音（ca）**	
踣	口止立口	KHUK	汉字	五笔字根	字母
亳	亠冖ノ乇	YPTA	擦	扌宀癶小	RPWI

嚓	口宀夊小	KPWI(3)		沧	氵人㔾	IWBN(3)
礤	石卄夊小	DAWI(3)		伧	亻人㔾	WWBN
拼音（cai）				藏	卄厂乚丿	ADNT
猜	犭丿龶月	QTGE		**拼音（cao）**		
裁	十戈亠仪	FAYE(3)		操	扌口口木	RKKS(3)
材	木十丿	SFTT(3)		糙	米丿土辶	OTFP(3)
才	十丿	FTE(2)		槽	木一冂日	SGMJ
财	贝十丿	MFTT(2)		曹	一冂廾日	GMAJ(3)
睬	目爫木	HESY(3)		漕	氵一冂日	IGMJ
踩	口止爫木	KHES		螬	虫一冂日	JGMJ
采	爫木	ESU(2)		艚	丿舟一日	TEGJ
彩	爫木彡	ESET(3)		草	卄早	AJJ
菜	卄爫木	AESU(2)		嘈	口一冂日	KGMJ
蔡	卄夊二小	AWFI(3)		**拼音（ce）**		
拼音（can）				侧	厂贝刂	DMJK
餐	卜夕又𠄌	HQCE(2)		策	𥫗一冂小	TGMI(3)
参	厶大彡	CDER(2)		侧	亻贝刂	WMJH(3)
骖	马厶大彡	CCDE(3)		册	冂冂一	MMGD(2)
蚕	一大虫	GDJU(3)		测	氵贝刂	IMJH(3)
残	一夕戋	GQGT(3)		侧	亻贝刂	WMJH(3)
惭	忄车斤	NLRH(2)		**拼音（cen）**		
惨	忄厶大彡	NCDE(3)		涔	氵山人丆	IMWN(3)
黪	罒土灬彡	LFOE		岑	山人丶	MWYN
灿	火山	OMH(2)		**拼音（ceng）**		
璨	王卜夕米	GHQO(3)		噌	口丷罒日	KULJ(3)
粲	卜夕又米	HQCO		层	尸二厶	NFCI(3)
拼音（cang）				蹭	口止丷日	KHUJ
苍	卄人㔾	AWBB(3)		**拼音（cha）**		
舱	丿舟人㔾	TEWB(3)		插	扌丿十臼	RTFV(3)
仓	人㔾	WBB		叉	又丶	CYI

字	拆分	编码
馇	夕乚木一	QNSG(3)
锸	钅丿十臼	QTFV
猹	犭丿木一	QTSG(3)
茬	艹ナ丨土	ADHF
茶	艹人木	AWSU(3)
查	木日一	SJGF(2)
碴	石木日一	DSJG(3)
搽	扌艹人木	RAWS
察	宀夕二小	PWFI
楂	木木日一	SSJG(3)
槎	木丷手工	SUDA
檫	木宀夕小	SPWI
镲	钅宀夕小	QPWI
衩	衤又丶	PUCY(3)
岔	八刀山	WVMJ
差	丷手工	UDAF(3)
诧	讠宀丿七	YPTA
汊	氵又丶	ICYY
姹	女宀丿七	VPTA(3)
杈	木又丶	SCYY
拼音（chai）		
拆	扌斤丶	RRYY(3)
钗	钅又丶	QCYY(3)
柴	止匕木	HXSU(3)
豺	⺨丬十丿	EEFT(3)
侪	亻文刂	WYJH(3)
瘥	疒丷手工	UUDA
虿	丆冂虫	DNJU
拼音（chan）		
搀	扌⺈口氵	RQKU

字	拆分	编码
掺	扌厶大彡	RCDE(3)
觇	卜口冂儿	HKMQ(3)
蝉	虫丷日十	JUJF
馋	夕乚⺈⺈	QNQU
谗	讠⺈口⺈	YQKU(3)
缠	纟广日土	XYJF(3)
廛	广日土土	YJFF(3)
潺	氵尸子子	INBB
澶	氵亠口一	IYLG
孱	尸子子子	NBBB(3)
婵	女丷日十	VUJF(3)
禅	礻丶丷十	PYUF
镡	钅西早	QSJH
蟾	虫⺈厂言	JQDY(3)
躔	口止广土	KHYF
铲	钅立丿	QUTT(3)
产	立丿	UTE(1)
阐	门丷日十	UUJF(3)
辗	车丷日十⺄	UJFE
谄	讠⺈臼	YQVG
蒇	艹厂贝丿	ADMT
骣	马尸子子	CNBB(3)
颤	亠口口贝	YLKM
忏	忄丿十	NTFH
羼	尸丷手手	NUDD
拼音（chang）		
昌	日日	JJF(2)
猖	犭丿日日	QTJJ
伥	亻丿七乀	WTAY(3)
菖	艹日日	AJJF

阊	门曰曰	UJJD		巢	巛日木	VJSU(3)
娼	女曰曰	VJJG(3)		晁	日ㄨ儿	JIQB
鲳	鱼一曰曰	QGJJ		吵	口小丿	KITT(2)
尝	丷冖二厶	IPFC(3)		炒	火小丿	OITT(2)
常	丷冖口丨	IPKH		秒	三小小丿	DIIT
长	丿七乀	TAYI(2)		拼音（che）		
偿	亻丷冖	WIPC(2)		车	车一乚丨	LGNH(2)
肠	月乃彡	ENRT(3)		砗	石车	DLH
苌	艹丿七乀	ATAY(3)		扯	扌止	RHG
徜	彳丷冂口	TIMK		撤	扌亠厶夂	RYCT(3)
嫦	女丷冖丨	VIPH		掣	𠂉冂丨手	RMHR
场	土乃彡	FNRT		彻	彳七刀	TAVN
厂	厂一丿	DGT		澈	氵亠厶夂	IYCT
敞	丷冂口攵	IMKT		坼	土斤丶	FRYY(3)
昶	丶冂八日	YNIJ		拼音（chen）		
氅	丷冂口乚	IMKN		郴	木木阝	SSBH(3)
畅	日丨乃彡	JHNR		捵	扌曰丨	RJHH(3)
唱	口曰曰	KJJG(3)		嗔	口十且八	KFHW
倡	亻曰曰	WJJG		琛	王冖八木	GPWS(3)
邕	巛凵匕	QOBX(3)		臣	匚丨ョ	AHNH(3)
怅	忄丿七乀	NTAY(3)		辰	厂二㇏	DFEI(3)
拼音（chao）				尘	小土	IFF
超	土龰刀口	FHVK(3)		晨	日厂二㇏	JDFE(2)
抄	扌小丿	RITT(3)		忱	忄冖儿	NPQN(2)
钞	钅小丿	QITT(3)		沉	氵冖几	IPMN(3)
怊	忄刀口	NVKG(3)		陈	阝七小	BAIY(2)
焯	火卜早	OHJH(3)		谌	讠廿三乚	YADN
朝	十早月	FJEG(3)		宸	宀厂二㇏	PDFE
嘲	口十早月	KFJE(3)		碜	石厽大彡	DCDE(3)

趁	土止人彡	FHWE		逞	口王辶	KGPD(3)
衬	礻寸	PUFY		骋	马由一勹	CMGN(3)
谶	讠人人一	YWWG		秤	禾一䒑丨	TGUH(3)
樔	木立木	SUSY(3)			**拼音（chi）**	
黹	止人囗匕	HWBX		吃	口𠂉乙	KTNN(3)
	拼音（cheng）			痴	疒𠂉大口	UTDK
撑	扌䒑冖手	RIPR(3)		㘗	口土⺌	KFOY(3)
称	禾夕小	TQIY(2)		嗤	口山丨虫	KBHJ
柽	木又土	SCFG		媸	女山丨虫	VBHJ(3)
瞠	目⺌冖土	HIPF(3)		眵	目夕夕	HQQY(3)
蛏	虫又土	JCFG		鸱	氐七、一	QAYG
城	土厂门丿	FDNT(2)		蚩	山丨一虫	BHGJ
橙	木癶一䒑	SWGU		螭	虫文山厶	JYBC
成	厂𠃍丨丿	DNNT(2)		笞	⺮厶口	TCKF(3)
呈	口王	KGF(2)		魑	白儿厶厶	RQCC
乘	禾刂匕	TUXI(3)		持	扌土寸	RFFY(2)
程	禾口王	TKGG		池	氵也	IBN(2)
惩	彳一止心	TGHN		迟	尸、辶	NYPI(3)
澄	氵癶一䒑	IWGU		弛	弓也	XBN(2)
诚	讠厂丁丿	YDNT(3)		驰	马也	CBN
承	了三八	BDII(2)		墀	土尸水丨	FNIH(3)
丞	了八一	BIGF(3)		茌	艹亻士	AWFF
埕	土口王	FKGG(3)		篪	⺮厂虍几	TRHM
柽	木丿七丶	STAY(3)		踟	口止𠂉口	KHTK
晟	日厂丁丿	JDNT(3)		耻	耳止	BHG(2)
塍	月䒑大土	EUDF		齿	止人凵	HWBJ(3)
铖	钅厂丁丿	QDNT(3)		侈	亻夕夕	WQQY(3)
裎	礻口王	PUKG(3)		尺	尸丶	NYI
醒	西一口王	SGKG		褫	礻厂几	PURM

字	拆分	编码	字	拆分	编码
敇	一口宀又	GKUC	愁	禾火心	TONU
饬	夂乚⺈力	QNTL	筹	⺮三丿寸	TDTF
赤	土小	FOU(2)	仇	亻九	WVN
翅	十又羽	FCND(3)	绸	纟冂土口	XMFK(3)
斥	斤丶	RYI	俦	亻三丿寸	WDTF
炽	火口八	OKWY(2)	帱	冂丨三寸	MHDF(3)
傺	亻⺼二小	WWFI	惆	忄冂土口	NMFK(3)
叱	口匕	KXN	雠	亻主讠主	WYYY(3)
啻	丷宀冂口	UPMK	瞅	目禾火	HTOY(3)
敕	一口小攵	GKIT	丑	乛土	NFD
瘛	疒三丨心	UDHN	臭	丿目犬	THDU
匙	日一止匕	JGHX	拼音（chu）		
拼音（chong）			初	衤く刀	PUVN(3)
充	亠厶儿	YCQB(2)	出	凵山	BMK(2)
冲	氵口丨	UKHH(3)	樗	木雨二⺄	SFFN
茺	艹亠厶儿	AYCQ(3)	橱	木厂一寸	SDGF
忡	忄口丨	NKHH(3)	厨	厂一口寸	DGKF
憧	忄立曰土	NUJF	躇	口止卄日	KHAJ
春	三八白	DWVF(3)	锄	钅目一力	QEGL
艟	丿舟立土	TEUF	雏	夂彐亻主	QVWY(3)
虫	虫丨丶	JHNY	滁	氵阝人禾	IBWT(3)
崇	山宀二小	MPFI(3)	除	阝人禾	BWTY(3)
宠	宀尤匕	PDXB(3)	刍	夂彐	QVF
铳	钅亠厶儿	QYCQ(3)	蟵	虫人禾	JWTY(3)
拼音（chou）			躅	口止厂寸	KHDF
抽	扌由	RMG(2)	楚	木木乛止	SSNH(3)
瘳	疒羽人彡	UNWE	础	石凵山	DBMH(3)
酬	西一丶丨	SGYH	储	亻讠土日	WYFJ(3)
畴	田三丿寸	LDTF(3)	杵	木⺁十	STFH
稠	禾冂土口	TMFK	楮	木土丿日	SFTJ

字	拆分	编码	字	拆分	编码
矗	十且十且	FHFH	窗	宀八丿夕	PWTQ(3)
搐	扌亠幺田	RYXL	床	广木	YSI
触	𠂊用虫	QEJY	幢	巾丨立土	MHUF(3)
处	夂卜	THI(2)	闯	门马	UCD
亍	二亅	FHK	创	人巳刂	WBJH(3)
诎	讠凵山	YBMH	怆	忄人巳	NWBN
怵	忄木丶	NSYY(3)	拼音（chui）		
憷	忄木木疋	NSSH(3)	吹	口𠂊人	KQWY(3)
绌	纟凵山	XBMH(3)	炊	火𠂊人	OQWY(3)
黜	四土灬山	LFOM	捶	扌丿一士	RTGF
拼音（chuai）			锤	钅丿一士	QTGF
揣	扌山丆刂	RMDJ(3)	垂	丿一卄士	TGAF
搋	扌厂广几	RRHM	陲	阝丿一士	BTGF
膪	月亠宀口	EUPK	棰	木丿一士	STGF
踹	口止山刂	KHMJ	槌	木亻口辶	SWNP(3)
拼音（chuan）			拼音（chun）		
川	川丿丨丨	KTHH	春	三八日	DWJF(2)
穿	宀八牙	PWAT	椿	木三八日	SDWJ
氚	𠂉乞川	RNKJ	醇	酉一亠子	SGYB
椽	木彑豕	SXEY(3)	蝽	虫三八日	JDWJ
传	亻二𠂊丶	WFNY	唇	厂二𠄌口	DFEK
船	丿舟几口	TEMK	淳	氵亠子	IYBG(3)
遄	山丆门辶	MDMP(3)	纯	纟一𠄌	XGBN(3)
舡	丿舟工	TEAG(3)	莼	艹纟一𠄌	AXGN(3)
喘	口山丆刂	KMDJ(3)	鹑	亠子勹一	YBQG(3)
舛	夕二丨	QAHH(3)	蠢	三八日虫	DWJJ
串	口口丨	KKHK(3)	拼音（chuo）		
钏	钅川	QKH	戳	羽亻戈	NWYA
拼音（chuang）			绰	纟卜早	XHJH(3)
疮	疒人巳	UWBV(3)	踔	口止卜早	KHHJ

啜	口又又又	KCCC		从	人人一	WWGF(3)
辍	车又又又	LCCC		淙	氵宀二小	IPFI
龇	止人山匕	HWBH		琮	王宀二小	GPFI(3)
拼音（ci）				**拼音（cou）**		
疵	疒止匕	UHXV(3)		凑	冫三八大	UDWD(3)
茨	艹冫夂人	AUQW		辏	车三八大	LDWD(3)
磁	石丷幺幺	DUXX(2)		腠	月三八大	EDWD(3)
雌	此匕亻圭	HXWY(3)		**拼音（cu）**		
辞	丿古辛	TDUH		粗	米且一	OEGG(2)
慈	丷幺幺心	UXXN		徂	彳且一	TEGG
瓷	冫夂人乙	UQWN		殂	一夕且一	GQEG
词	讠冂一口	YNGK		醋	西一廿日	SGAJ(3)
骴	艹此匕	AHXB(3)		簇	竹方𠂉大	TYTD(3)
祠	礻冂口	PYNK		促	亻口止	WKHY(3)
鹚	丷幺幺一	UXXG		蔟	艹方𠂉大	AYTD
糍	米丷幺幺	OUXX(3)		猝	犭亠从十	QTYF
此	止匕	HXN(2)		酢	西一𠂉二	SGTF
刺	一冂小刂	GMIJ(3)		蹙	厂上小足	DHIH
赐	贝日勹丿	MJQR(3)		蹴	口止亠乚	KHYN
次	冫夂人	UQWY(3)		**拼音（cuan）**		
拼音（cong）				氽	丿八水	TYIU
聪	耳丷口心	BUKN		镩	钅宀八丨	QPWH(3)
葱	艹勹夂心	AQRN		蹿	口止宀丨	KHPH
囱	丿口夂	TLQI		篡	竹目大厶	THDC
匆	勹夂丶	QRYI(3)		窜	宀八口丨	PWKH(3)
苁	艹人人	AWWU		撺	扌宀八丨	RPWH
骢	马丿口心	CTLN(3)		爨	亻二门火	WFMO
璁	王丿口心	GTLN(3)		**拼音（cui）**		
枞	木人人	SWWY(3)		摧	扌山亻圭	RMWY(3)
从	人人	WWY(2)		崔	山亻圭	MWYF(3)

汉字	五笔字根	字母
催	亻山亻主	WMWY(3)
槯	木宀口伙	SYKE
璀	王山亻主	GMWY
脆	月⺈厂巳	EQDB(3)
瘁	疒亠人十	UYWF(3)
粹	米亠人十	OYWF(3)
淬	氵亠人十	IYWF
翠	羽亠人十	NYWF
谇	讠亠人十	YYWF(3)
啐	口亠人十	KYWF(3)
悴	忄亠人十	NYWF
毳	丿二乚乚	TFNN

拼音（cun）

汉字	五笔字根	字母
村	木寸	SFY(2)
皴	厶八夂又	CWTC
存	𠂇丨子	DHBD(3)
忖	忄寸	NFY
寸	寸一亅丶	FGHY

拼音（cuo）

汉字	五笔字根	字母
磋	石丷㐄工	DUDA(3)
撮	扌日耳又	RJBC(3)
搓	扌丷㐄工	RUDA(3)
撤	扌𠂉耳攵	RNBT
嵯	山丷㐄工	MUDA(3)
蹉	口止丷工	KHUA
矬	广大人土	TDWF(3)
痤	疒人人土	UWWF(3)
鹾	卜口乂工	HLQA

汉字	五笔字根	字母
脞	月人人土	EWWF(3)
措	扌廿日	RAJG(3)
厝	厂廿日	DAJD(3)
锉	钅人人土	QWWF(3)

D

拼音(da)

汉字	五笔字根	字母
搭	扌艹人口	RAWK
耷	大耳	DBF
哒	口大辶	KDPY(3)
嗒	口艹人口	KAWK
褡	衤艹人口	PUAK(3)
达	大辶	DPI(2)
答	竹人一口	TWGK(23)
瘩	疒艹人口	UAWK(3)
妲	女日一	VJGG(3)
怛	忄日一	NJGG(3)
笪	竹日一	TJGF
靼	廿甲日	AFJG
鞑	廿甲大辶	AFDP
打	扌丁	RSH(2)
大	大大大大	DDDD(2)
疸	疒日一	UJGD(3)

拼音(dai)

汉字	五笔字根	字母
呆	口木	KSU(2)
呔	口大丶	KDYY
歹	一夕	GQI
傣	亻三人水	WDWI(3)

附 录

逮	⺕水辶	VIPI(3)		掸	扌⺌日十	RUJF
戴	十戈田八	FALW		旦	日一	JGF
带	一卅冖丨	GKPH(3)		氮	𠂉乀火火	RNOO(3)
殆	一夕厶口	GQCK(3)		但	亻日一	WJGG(3)
代	亻弋	WAY(2)		淡	氵火火	IOOY(2)
贷	亻弋贝	WAMU(3)		诞	讠丿止㇏	YTHP
袋	亻弋亠衣	WAYE		弹	弓⺌日十	XUJF(3)
待	彳土寸	TFFY		蛋	乛龰虫	NHJU(3)
怠	厶口心	CKNU(3)		苔	艹夕白	AQVF
埭	土⺕水	FVIY(3)		澹	氵⺈厂言	IQDY
弎	弋廾二	AAFD		惮	忄⺌日十	NUJF(3)
岱	亻弋山	WAMJ		**拼音(dang)**		
迨	厶口辶	CKPD(3)		当	⺌⺕	IVF(2)
绐	纟厶口	XCKG(3)		挡	扌⺌⺕	RIVG(3)
玳	王亻弋	GWAY(3)		铛	钅⺌⺕	QIVG(3)
黛	亻弋㚍灬	WALO(3)		裆	衤⺌⺕	PUIV
拼音(dan)				党	⺌冖口儿	IPKQ(3)
耽	耳冖儿	BPQN(3)		荡	艹氵⼎彡	AINR(3)
担	扌日一	RJGG(3)		档	木⺌⺕	SIVG(2)
丹	冂一	MYD		谠	讠⺌冖儿	YIPQ(3)
单	⺌日十	UJFJ		凼	水凵	IBK
郸	⺌日十阝	UJFB		菪	艹宀石	APDF(3)
儋	亻⺈厂言	WQDY(3)		砀	石⼎彡	DNRT(3)
眈	目冖儿	HPQN(3)		**拼音(dao)**		
瘅	疒⺌日十	UUJF		刀	刀丿丨	VNT(2)
聃	耳冂土	BMFG		叨	口刀	KVN
箪	𥫗⺌日十	TUJF		忉	忄刀	NVN
殚	一夕⺌十	GQUF(3)		韬	二丁丨白	FNHV
胆	月日一	EJGG(2)		氘	𠂉乀川	RNJJ(3)
赕	贝火火	MOOY(3)		捣	扌⺈丶山	RQYM

蹈	口止⺍白	KHEV
倒	亻一厶刂	WGCJ(3)
岛	勹丶㇉山	QYNM
祷	礻丶三寸	PYDF(3)
导	巳寸	NFU(2)
到	一厶土刂	GCFJ(2)
稻	禾⺍白	TEVG(3)
悼	忄卜早	NHJH
道	䒑丿目辶	UTHP
盗	冫㇉人皿	UQWL
蘸	龷酉十小	GXFI(3)

拼音(de)

德	彳十罒心	TFLN(3)
的	白勹丶	RQYY(13)
锝	钅曰一寸	QJGF
得	彳曰一寸	TJGF(2)

拼音(deng)

蹬	口止癶䒑	KHWU
灯	火丁	OSH(2)
登	癶一口䒑	WGKU
噔	口癶一䒑	KWGU
簦	⺮癶䒑	TWGU
等	⺮土寸	TFFU
戥	曰丿龶戈	JTGA
瞪	目癶䒑	HWGU(3)
凳	癶一口几	WGKM
邓	又阝	CBH(2)
嶝	山癶一䒑	MWGU
磴	石癶䒑	DWGU

镫	钅癶一䒑	QWGU

拼音(di)

堤	土曰一㇏	FJGH
低	亻厂七丶	WQAY(3)
滴	氵亠冂古	IUMD(3)
荻	艹犭丿火	AQTO
镝	钅亠冂古	QUMD(3)
羝	⺩手厂丶	UDQY(3)
迪	由辶	MPD(2)
敌	丿古攵	TDTY(3)
笛	⺮由	TMF
狄	犭丿火	QTOY
涤	氵夂木	ITSY(3)
嫡	女亠冂古	VUMD(3)
籴	丿八米	TYOU(3)
嘀	口亠冂古	KUMD(3)
觌	十罒㇉儿	FNUQ
抵	扌厂七丶	RQAY(3)
底	广厂七丶	YQAY(3)
氐	厂七丶	QAYI(3)
诋	讠厂七丶	YQAY
邸	厂七丶阝	QAYB
坻	土厂七丶	FQAY(3)
柢	木厂七丶	SQAY(3)
砥	石厂七丶	DQAY
骶	骨月丶	MEQY
地	土也	FBN(12)
蒂	艹亠冖丿	AUPH(3)
第	⺮弓丿	TXHT(2)
帝	亠冖冂丨	UPMH(2)

附　录

弟	⺷弓丨丿	UXHT(3)
递	⺷弓丨辶	UXHP
缔	纟⺀冖丨	XUPH(3)
谛	讠⺀冖丨	YUPH
娣	女⺷弓丿	VUXT(3)
棣	木彐水	SVIY(3)
碲	石⺀冖丨	DUPH
睇	目⺷弓丿	HUXT
拼音(dia)		
嗲	口八乂夕	KWQQ(3)
拼音(dian)		
颠	十且八贝	FHWM
掂	扌广卜口	RYHK(3)
滇	氵十且八	IFHW
巅	山十且贝	MFHM(3)
癫	疒十且贝	UFHM
钿	钅田	QLG
碘	石门⺀八	DMAW(3)
点	卜口灬	HKOU(3)
典	门⺀八	MAWU(3)
踮	口止广口	KHYK
靛	青月宀疋	GEPH
垫	扌九、土	RVYF
电	曰乚	JNV(2)
佃	亻田	WLG(2)
甸	勹田	QLD(2)
店	广卜口	YHKD(3)
惦	忄广卜口	NYHK(3)
奠	⺷西一大	USGD
淀	氵宀一疋	IPGH

殿	尸共八又	NAWC
阽	阝卜口	BHKG
坫	土卜口	FHKG
玷	王卜口	GHKG(3)
癜	疒尸共又	UNAC(3)
簟	竹西早	TSJJ(3)
拼音(diao)		
碉	石门土口	DMFK(3)
叼	口勹丶	KNGG(3)
雕	门土口主	MFKY
凋	冫门土口	UMFK(3)
刁	乛丶	NGD
貂	⺺刀口	EEVK(3)
鲷	鱼一门口	QGMK(3)
掉	扌卜早	RHJH(3)
吊	口门丨	KMHJ(3)
钓	钅勹丶	QQYY
调	讠门土口	YMFK(3)
铞	钅口门丨	QKMH
铫	钅乂儿	QIQN(2)
拼音(die)		
跌	口止𠂉人	KHRW(3)
爹	八乂夕夕	WQQQ
碟	石廿乚木	DANS(3)
蝶	虫廿乚木	JANS(3)
迭	𠂉人辶	RWPI(3)
谍	讠廿乚木	YANS(3)
叠	又又又一	CCCG
垤	土一厶土	FGCF
堞	土廿乚木	FANS(3)

喋	口甘乚木	KANS	东	七小	AII(2)
牒	丿丨一木	THGS	冬	夂冫	TUU
蹀	厂厶乀人	RCYW	咚	口夂冫	KTUY
耋	耂丿匕土	FTXF	氡	𠂉乁夂冫	RNTU
蹀	口止甘木	KHAS	鸫	七小勹一	AIQG(3)
鲽	鱼𠂉甘木	QGAS(3)	董	艹丨一土	ATGF(3)
揲	扌甘乚木	RANS	懂	忄艹丿土	NATF(3)
拼音(ding)			动	二厶力	FCLN(3)
丁	丁一亅	SGH	栋	木七小	SAIY(3)
叮	目丁	HSH(2)	恫	忄冂一口	NMGK(3)
叮	口丁	KSH	冻	冫七小	UAIY(3)
钉	钅丁	QSH(2)	洞	氵冂一口	IMGK
仃	亻丁	WSH	垌	土冂一口	FMGK(3)
玎	王丁	GSH	胨	月七小	EAIY(3)
疔	疒丁	USK	胴	月冂一口	EMGK(3)
耵	耳丁	BSH	硐	石冂一口	DMGK(3)
顶	丁𠂆贝	SDMY(3)	**拼音(dou)**		
鼎	目𠂊丆刂	HNDN(3)	兜	丨白儿	QRNQ
町	田丁	LSH	蔸	艹丨白儿	AQRQ
锭	钅宀一疋	QPGH(2)	篼	竹丨白儿	TQRQ
定	宀一疋	PGHU(2)	抖	扌冫十	RUFH
订	讠丁	YSH(2)	斗	冫十	UFK
啶	口宀一疋	KPGH	陡	阝土疋	BFHY(3)
腚	月宀一疋	EPGH(3)	蚪	虫冫十	JUFH
碇	石宀一疋	DPGH	豆	一口䒑	GKUF(3)
酊	西一丁	SGSH(3)	逗	一口䒑辶	GKUP
拼音(diu)			痘	疒一口䒑	UGKU
丢	丿土厶	TFCU(3)	窦	宀八十大	PWFD
铥	钅丿土厶	QTFC	**拼音(du)**		
拼音(dong)			都	土丿日阝	FTJB

督	上小又目	HICH		椴	木亻三又	SWDC(3)
嘟	口土丿阝	KFTB		煅	火亻三又	OWDC(3)
毒	圭口一丶	GXGU		簖	竹米乚斤	TONR
犊	丿才十大	TRFD		**拼音(dui)**		
独	犭丿虫	QTJY(3)		堆	土亻圭	FWYG(3)
读	讠十亠大	YFND(3)		兑	丷口儿	UKQB
渎	氵十亠大	IFND		队	阝人	BWY(2)
椟	木十亠大	SFND(3)		对	又寸	CFY(2)
牍	丿丨一大	THGD		怼	又寸心	CFNU(3)
髑	骨月罒虫	MELJ(3)		憝	亠子攵心	YBTN
黩	罒土灬大	LFOD		碓	石亻圭	DWYG
堵	土土丿日	FFTJ(3)		镦	钅亠子攵	QYBT(3)
睹	目土丿日	HFTJ(3)		**拼音(dun)**		
赌	贝土丿日	MFTJ		墩	土亠子攵	FYBT(3)
笃	竹马	TCF		吨	口一凵乚	KGBN(3)
杜	木土	SFG		蹲	口止丷寸	KHUF
镀	钅广廿又	QYAC(3)		敦	亠子攵	YBTY(3)
肚	月土	EFG		礅	石亠子攵	DYBT(3)
度	广廿又	YACI(2)		顿	一凵乚贝	GBNM
渡	氵广廿又	IYAC(3)		盹	目一凵乚	HGBN(3)
妒	女丶尸	VYNT		逛	丆丁口辶	DNKH(3)
芏	艹土	AFF		钝	钅一凵乚	QGBN
蠹	一口丨虫	GKHJ		盾	厂十目	RFHD
拼音(duan)				遁	厂十目辶	RFHP
端	立山丆丨	UMDJ		沌	氵一凵乚	IGBN(3)
短	丿大一䒑	TDGU(3)		炖	火一凵乚	OGBN
锻	钅亻三又	QWDC(3)		砘	石一凵乚	DGBN(3)
段	亻三几又	WDMC(3)		**拼音(duo)**		
断	米乚斤	ONRH(3)		掇	扌又又又	RCCC(3)
缎	纟亻三又	XWDC(3)		哆	口夕夕	KQQY(3)

汉字	五笔字根	字母
多	夕夕	QQU(2)
咄	口凵山	KBMH(3)
夺	大寸	DFU(2)
铎	钅又二丨	QCFH(3)
踱	口止广又	KHYC
躲	丿门三木	TMDS
朵	几木	MSU(2)
哚	口几木	KMSY(3)
缍	纟丿一士	XTGF(3)
垛	土几木	FMSY(3)
跺	口止几木	KHMS(3)
舵	丿舟宀匕	TEPX
剁	几木刂	MSJH(3)
惰	忄大工月	NDAE(3)
堕	阝大月土	BDEF
沲	氵宀也	ITBN(3)
襙	衤丶又又	PUCC

E

拼音(e)		
汉字	五笔字根	字母
屙	尸阝丁口	NBSK(3)
婀	女阝丁口	VBSK
蛾	虫丿扌丿	JTRT(3)
鹅	丿扌乚一	TRNG
俄	亻丿扌丿	WTRT(3)
额	宀冬口贝	PTKM
娥	女丿扌丿	VTRT(3)
莪	艹丿扌丿	AATRT(3)

汉字	五笔字根	字母
锇	钅丿扌丿	QTRT
峨	山丿扌丿	MTRT(3)
恶	一业一心	GOGN
厄	厂巳	DBV
扼	扌厂巳	RDBN(3)
遏	日勹人辶	JQWP
鄂	口口二阝	KKFB
饿	勹丶丿丿	QNTT(3)
噩	一口口口	GKKK
谔	讠口口勹	YKKN
垩	一业一土	GOGF
苊	艹厂巳	ADBB(3)
萼	艹口口勹	AKKN
呃	口厂巳	KDBN(3)
愕	忄口口勹	NKKN(3)
轭	车厂巳	LDBN(3)
腭	月口口勹	EKKN(3)
锷	钅口口勹	QKKN
鹗	口口二一	KKFG
颚	口口二贝	KKFM
鳄	鱼一口勹	QGKN

拼音(ei)		
诶	讠厶广大	YCTD(3)

拼音(en)		
恩	囗大心	LDNU(3)
蒽	艹囗大心	ALDN
摁	扌囗大心	RLDN(3)
嗯	口囗大心	KLDN

拼音(er)		
儿	儿丿乚	QTN(2)

汉字	五笔字根	字母
耳	耳一丨一	BGHG(3)
尔	勹小	QIU
饵	勹丨耳	QNBG
洱	氵耳	IBG
鸸	丁门刂一	DMJG
鲕	鱼一丁	QGDJ
鲕	鱼一文刂	QGYJ
而	丁门刂	DMJJ(3)
迩	勹小辶	QIPI(3)
珥	王耳	GBG
铒	钅耳	QBG
二	二一一	FGG(2)
贰	弋二贝	AFMI(3)
佴	亻耳	WBG

F

拼音(fa)

汉字	五笔字根	字母
发	乚丿又、	NTCY(3) V
罚	罒讠刂	LYJJ(2)
筏	竹亻戈	TWAR(3)
伐	亻戈	WAT
乏	丿之	TPI
阀	门亻戈	UWAE(3)
垡	亻戈土	WAFF
法	氵土厶	IFCY(2)
砝	石土厶	DFCY
珐	王土厶	GFCY(3)

拼音(fan)

汉字	五笔字根	字母
藩	艹氵田	AITL
帆	门丨几、	MHMY
番	丿米田	TOLF(3)
翻	丿米田羽	TOLN
蕃	艹丿米田	ATOL(3)
幡	门丨丿田	MHTL
樊	木乂乂大	SQQD
矾	石几、	DMYY(3)
钒	钅几、	QMYY
繁	𠂉口一小	TXGI
凡	几、	MYI(2)
烦	火丆贝	ODMY(3)
蘩	艹𠂉口小	ATXI
燔	火丿米田	OTOL(3)
蹯	口止丿田	KHTL
反	厂又	RCI(2)
返	厂又辶	RCPI(3)
范	艹氵巳	AIBB(3)
贩	贝厂又	MRCY(2)
犯	犭巳	QTBN
饭	勹丨厂又	QNRC(3)
泛	氵丿之	ITPY(3)
梵	木木几、	SSMY(3)
畈	田厂又	LRCY(3)

拼音(fang)

汉字	五笔字根	字母
坊	土方	FYN
芳	艹方	AYB(2)
方	方、一丿	YYGN(2)

邡	方阝	YBH		榧	木匚三三	SADD
枋	木方	SYN		斐	三刂三文	DJDY
钫	钅方	QYN		篚	竹匚三三	TADD
肪	月方	EYN		翡	三刂三羽	DJDN
房	、尸方	YNYV(3)		吠	口犬	KDY
防	阝方	BYN(2)		肺	月一门丨	EGMH(3)
妨	女方	VYN(2)		废	广乚丿	YNTY
仿	亻方	WYN		沸	氵弓刂	IXJH(3)
鲂	鱼一方	QGYN		费	弓刂贝	XJMU(3)
访	讠方	YYN		芾	艹一门丨	AGMH(3)
纺	纟方	XYN(2)		狒	犭丿弓刂	QTXJ(3)
舫	丿舟方	TEYN		镄	钅弓刂贝	QXJM(3)
放	方夂	YTY(2)		痱	疒三刂三	UDJD
拼音(fei)				**拼音(fen)**		
菲	艹三刂三	ADJD(3)		芬	艹八刀	AWVB(3)
非	三刂三	DJDD(3)		酚	西一八刀	SGWV(3)
啡	口三刂三	KDJD(3)		吩	口八刀	KWVN(3)
飞	飞丶	NUI		氛	𠂉乁八刀	RNWV(3)
妃	女己	VNN		分	八刀	WVB(2)
绯	纟三刂三	XDJD		纷	纟八刀	XWVN(3)
扉	、尸三三	YNDD		汾	氵八刀	IWVN(3)
蜚	三刂三虫	DJDJ		坟	土文	FYY(2)
霏	雨三刂三	FDJD		焚	木木火	SSOU(3)
鲱	鱼一三三	QGDD		棼	木木八刀	SSWV(3)
肥	月巴	ECN(2)		鼢	臼丨彡刀	VNUV
淝	氵月巴	IECN(2)		粉	米八刀	OWVN(2)
腓	月三刂三	EDJD		奋	大田	DLF
匪	匚三刂三	ADJD		份	亻八刀	WWVN(3)
诽	讠三刂三	YDJD(3)		忿	八刀心	WVNU
悱	忄三刂三	NDJD		愤	忄十艹贝	NFAM(3)

粪	米丑八	OAWU
偾	亻十艹贝	WFAM(3)
濆	氵米田八	IOLW(3)
鲼	鱼一十贝	QGFM
拼音(feng)		
丰	三丨	DHK(2)
封	土土寸	FFFY
枫	木几乂	SMQY(3)
蜂	虫夂三丨	JTDH(3)
峰	山夂三丨	MTDH(3)
锋	钅夂三丨	QTDH(3)
风	几乂	MQI(2)
疯	疒几乂	UMQI(3)
烽	火夂三丨	OTDH(2)
酆	三丨三阝	DHDB
葑	艹土土寸	AFFF
沣	氵三丨	IDHH(3)
砜	石几乂	DMQY
逢	夂三丨辶	TDHP(3)
冯	冫马	UCG(2)
缝	纟夂三辶	XTDP
讽	讠几乂	YMQY(3)
唪	口三人丨	KDWH(3)
奉	三人二丨	DWFH(3)
凤	几又	MCI(2)
俸	亻三人丨	WDWH
拼音(fo)		
佛	亻弓丿丨	WXJH(3)
拼音(fou)		
否	一小口	GIK

缶	𠂉山	RMK
拼音(fu)		
夫	二人	FWI(2)
敷	一月丨攵	GEHT
肤	月二人	EFWY(3)
孵	𠂉丶丿子	QYTB
扶	扌二人	RFWY(3)
呋	口二人	KFWY(3)
稃	禾爫子	TEBG
麸	龶夕二人	GQFW
趺	口止二人	KHFW(3)
跗	口止亻寸	KHWF
怫	忄弓丿丨	RXJH
辐	车一口田	LGKL(3)
幅	巾一口田	MHGL(3)
符	竹亻寸	TWFU(3)
伏	亻犬	WDY
孚	亻爫子	WEBG(3)
服	月卩又	EBCY(2)
浮	氵爫子	IEBG(3)
涪	氵立口	IUKG(3)
福	礻一口田	PYGL(3)
袱	礻丶亻犬	PUWD
弗	弓丿丨	XJK
甫	一月丨丶	GEHY(3)
匍	勹一口田	QGKL(3)
凫	𠂊丶𠃌几	QYNM
郛	爫子阝	EBBH(3)
芙	艹二人	AFWU
苻	艹亻寸	AWFU

汉字	五笔字根	字母	汉字	五笔字根	字母
莰	艹亻犬	AWDU(3)	黼	业一䒑丶	OGUY
荸	艹孛子	AEBF	赴	土疋卜	FHHI(3)
菔	艹月卩又	AEBC	副	一口田刂	GKLJ(3)
幞	冂丨业丶	MHOY(3)	覆	西彳𠂉夂	STTT(3)
怫	忄弓刂	NXJH(3)	赋	贝一弋止	MGAH(3)
艴	弓刂𠂊巴	XJQC(3)	复	𠂉曰夂	TJTU(3)
孚	爫子	EBF	傅	亻一月寸	WGEF(3)
绂	纟犮又丶	XDCY	付	亻寸	WFY
绋	纟弓刂	XXJH(3)	阜	亻冂十	WNNF
桴	木爫子	SEBG(3)	父	八乂	WQU
袚	衤丶犮又	PYDC	腹	月𠂉曰夂	ETJT(3)
砩	石弓刂	DXJH(3)	负	𠂊贝	QMU(2)
黻	业一䒑又	OGUC	富	宀一口田	PGKL(3)
罘	罒一小	LGIU(3)	讣	讠卜	YHY
蚨	虫二人	JFWY(3)	附	阝亻寸	BWFY(3)
蜉	虫爫子	JEBG(3)	妇	女彐	VVG(2)
蝠	虫一口田	JGKL	缚	纟一月寸	XGEF(3)
氟	气𠂉弓刂	RNXJ(3)	咐	口亻寸	KWFY(3)
抚	扌二儿	RFQN(3)	驸	马亻寸	CWFY(3)
辅	车一月丶	LGEY	赙	贝一月寸	MGEF(3)
俯	亻广亻寸	WYWF(3)	馥	禾曰𠂉夂	TJTT
釜	八乂干丷	WQFU(3)	蝮	虫𠂉曰夂	JTJT
斧	八乂斤	WQRJ(3)	鲋	鱼一亻寸	QGWF(3)
脯	月一月丶	EGEY	鳆	鱼一𠂉夂	QGTT
腑	月广亻寸	EYWF			
府	广亻寸	YWFI(3)			
腐	广亻寸人	YWFW			
拊	扌亻寸	RWFY(3)			
滏	氵一月寸	IGEF			
溢	氵八乂丷	IWQU(3)			

G

拼音(ga)

汉字	五笔字根	字母
夯	九曰	VJF

附 录

噶	口廿日乚	KAJN(3)		矸	石干	DFH
尕	小大小	IDIU(3)		疳	疒廿二	UAFD(3)
钆	钅乚	QNN		酐	西一干	SGFH
嘎	口丆目戈	KDHA(3)		赶	土𧰨干	FHFK
孓	乃小	EIU		感	厂一口心	DGKN
尬	丆乚人儿	DNWJ		秆	禾干	TFH
拼音(gai)				敢	𠃍耳攵	NBTY(2)
该	讠⺊乚人	YYNW		擀	扌十早干	RJFJ(3)
陔	阝⺊乚人	BYNW		澉	氵𠃍耳攵	INBT(3)
垓	土⺊乚人	FYNW		橄	木𠃍耳攵	SNBT(3)
赅	贝⺊乚人	MYNW(3)		赣	立早夂贝	UJTM(3)
改	己攵	NTY		淦	氵金	IQG
概	木彐厶儿	SVCQ(3)		绀	纟廿二	XAFG(3)
钙	钅一卜𠃌	QGHN(3)		旰	日干	JFH
盖	丷王皿	UGLF(3)		**拼音(gang)**		
溉	氵彐厶儿	IVCQ(3)		刚	冂乂刂	MQJH(3)
丐	一卜𠃌	GHNV(3)		钢	钅冂乂	QMQY(3)
戤	乃又皿戈	ECLA		缸	𠂉山工	RMAG(3)
拼音(gan)				肛	月工	EAG(2)
干	干一一丨	FGGH		纲	纟冂乂	XMQY(2)
甘	廿二	AFD		罡	罒一止	LGHF
杆	木干	SFH		冈	冂乂	MQI
柑	木廿二	SAFG(3)		岗	山冂乂	MMQU(3)
竿	⺮干	TFJ		港	氵⺺八巳	IAWN
肝	月干	EFH(2)		杠	木工	SAG
坩	土廿二	FAFG		戆	立早夂心	UJTN
苷	艹廿二	AAFF(3)		筻	⺮一日乂	TGJQ
尴	丆乚儿皿	DNJL		**拼音(gao)**		
泔	氵廿二	IAFG(3)		篙	⺮亠冂口	TYMK
				皋	白大十	RDFJ

高	亠冂口	YMKF(2)		格	木夂口	STKG(2)
膏	亠冂口月	YPKE(3)		蛤	虫人一口	JWGK(2)
羔	丷王灬	UGOU(3)		阁	门夂口	UTKD(3)
糕	米丷王灬	OUGO		隔	阝一口丨	BGKH(3)
睾	丿罒土干	TLFF		鬲	一口冂丨	GKMH
槔	木白大十	SRDF(3)		塥	土一口丨	FGKH(3)
搞	扌亠冂口	RYMK(3)		嗝	口一口丨	KGKH
镐	钅亠冂口	QYMK(3)		弰	扌人一手	RWGR
稿	禾亠冂口	TYMK(3)		膈	月一口丨	EGKH(3)
藁	艹亠冂木	AYMS		镉	钅一口丨	QGKH
缟	纟亠冂口	XYMK		骼	冎月夂口	METK(3)
槁	木亠冂口	SYMK		葛	艹曰勹㇄	AJQN(3)
杲	曰木	JSU		舸	力口丁口	LKSK
告	丿土口	TFKF		舸	丿舟丁口	TESK(3)
诰	讠丿土口	YTFK		铬	钅夂口	QTKG(3)
郜	丿土口阝	TFKB		个	人丨	WHJ(2)
锆	钅丿土口	QTFK		各	夂口	TKF(2)
拼音(ge)				硌	石夂口	DTKG(3)
哥	丁口丁口	SKSK(3)		虼	虫⺁乙	JTNN(3)
歌	丁口丁人	SKSW		**拼音(gei)**		
搁	扌门夂口	RUTK(3)		给	纟人一口	XWGK(2)
戈	戈一丨丿	AGNT		**拼音(gen)**		
鸽	人一口一	WGKG		根	木彐⺀	SVEY(3)
胳	月夂口	ETKG(3)		跟	口止彐⺀	KHVE(3)
疙	疒⺁乙	UTNV(3)		哏	口彐⺀	KVEY(3)
割	宀三丨刂	PDHJ		艮	彐⺀	VEI
圪	土⺁乙	FTNN(3)		茛	艹彐⺀	AVEU(3)
纥	纟⺁乙	XTNN		**拼音(geng)**		
袼	衤夂口	PUTK		耕	三丷二丨	DIFJ(3)
革	廿㇄	AFJ(2)		更	一曰乂	GJQI(3)

庚	广彐人	YVWI		钩	钅勹厶	QQCY
羹	丷王灬大	UGOD		勾	勹厶	QCI
赓	广彐人贝	YVWM		沟	氵勹厶	IQCY(3)
埂	土一日乂	FGJQ(3)		佝	亻勹口	WQKG(3)
耿	耳火	BOY(2)		缑	纟亻彐大	XWND
梗	木一日乂	SGJQ		枸	木勹口	SQKG(3)
哽	口一日乂	KGJQ(3)		篝	竹二刂土	TFJF
绠	纟一日乂	XGJQ(3)		苟	艹勹口	AQKF
鲠	鱼一乂	QGGQ		狗	犭丿勹口	QTQK(3)
拼音(gong)				岣	山勹口	MQKG(3)
宫	宀口口	PKKF(2)		笱	竹勹口	TQKF(3)
工	工工工工	AAAA(13)		垢	土厂一口	FRGK(2)
攻	工攵	ATY(2)		构	木勹厶	SQCY(2)
功	工力	ALN(2)		购	贝勹厶	MQCY(3)
恭	艹人小	AWNU		够	勹口夕夕	QKQQ
躬	丿冂三弓	TMDX		诟	讠厂一口	YRGK(3)
公	八厶	WCU(2)		堠	土亻彐大	FWND
弓	弓一丿	XNGN(3)		遘	二刂一辶	FJGP
肱	月ナ厶	EDCY(3)		媾	女二刂土	VFJF(3)
蚣	虫八厶	JWCY(3)		觏	二刂一儿	FJGQ
觥	夕用⺍儿	QEIQ(3)		彀	士冖又	FPGC
龚	龷匕艹八	DXAW(3)		鞲	廿串二土	AFFF
供	亻艹八	WAWY(3)		**拼音(gu)**		
巩	工几丶	AMYY(3)		辜	古辛	DUJ
汞	工水	AIU		咕	口古	KDG
拱	扌艹八	RAW		箍	竹扌匚丨	TRAH(3)
珙	王艹八	GAWY(3)		估	亻古	WDG(2)
贡	工贝	AMU(2)		沽	氵古	IDG
共	艹八	AWU(2)		孤	子厂乀	BRCY(2)
拼音(gou)				姑	女古	VDG(2)

汉字	拆分	编码	汉字	拆分	编码
菰	艹子厂乀	ABRY	铟	钅口古	QLDG
轱	车古	LDG	痼	疒口古	ULDD(3)
毂	士冖车又	FPLC(3)	鲴	鱼一口古	QGLD
鸪	古勹丶一	DQYG	拼音(gua)		
酤	西一古	SGDG	刮	ノ古刂	TDJH
觚	夕用厂乀	QERY(3)	瓜	厂厶乀	RCYI(3)
菇	艹女古	AVDF(3)	剐	口门人刂	KMWJ
鼓	士口䒑又	FKUC	呱	口厂厶乀	KRCY(3)
古	古一丨丨	DGHG(3)	栝	木ノ古	STDG
蛊	虫皿	JLF	胍	月厂厶乀	ERCY(3)
骨	冎月	MEF(2)	鸹	ノ古勹一	TDQG(3)
谷	八人口	WWKF(3)	寡	宀丆目刀	PDEV(3)
股	月几又	EMCY(3)	挂	扌土土	RFFG
嘏	古コ丨又	DNHC	褂	衤、土卜	PUFH
诂	讠古	YDG	卦	土土卜	FFHY
汩	氵曰	IJG	诖	讠土土	YFFG
牯	ノ扌古	TRDG	拼音(guai)		
瞽	士口䒑目	FKUH	乖	ノ十刂匕	TFUX
罟	罒古	LDF	拐	扌口力	RKLN(3)
钴	钅古	QDG	怪	忄又土	NCFG(2)
鹄	ノ土口一	TFKG	拼音(guan)		
蛄	虫古	JDG	棺	木宀コ コ	SPNN(3)
鹘	冎月勹一	MEQG(3)	关	丷大	UDU(2)
故	古攵	DTY	官	宀コ丨コ	PNHN(2)
顾	厂巳丆贝	DBDM(2)	观	又门儿	CMQN(2)
固	囗古	LDD	倌	亻宀コ コ	WPNN(3)
雇	丶尸亻主	YNWY	鳏	鱼一罒小	QGLI
崮	山口古	MLDF(3)	冠	冖二儿寸	PFQF
桍	木ノ土口	STFK	管	竹宀コ コ	TPNN(2)
牿	ノ扌ノ口	TRTK	馆	饣亅宀コ	QNPN(3)

罐	乍山艹主	RMAY		甄	匚车九	ALVV(3)
惯	忄毌十贝	NXFM		庋	广十又	YFCI(3)
灌	氵艹口主	IAKY(3)		宄	宀九	PVB
贯	毌十贝	XFMU(3)		晷	日夂卜口	JTHK
掼	扌毌十贝	RXFM		簋	竹彐㔾皿	TVEL
涫	氵宀コ口	IPNN(3)		癸	癶一大	WGDU(3)
盥	𦥑一水皿	QGIL(3)		桂	木土土	SFFG(3)
鹳	艹口口一	AKKG		柜	木匚コ	SANG(3)
拼音(guang)				跪	口止⺈㔾	KHQB
光	龸儿	IQB(2)		贵	口丨一贝	KHGM
咣	口龸儿	KIQN(3)		刽	人二厶刂	WFCJ
桄	木龸儿	SIQN		刿	山夕刂	MQJH
胱	月龸儿	EIQN(3)		炅	日火	JOU
广	广丶一丿	YYGT		鳜	鱼一厂人	QGDW
犷	犭丿广	QTYT		**拼音(gun)**		
逛	辶丿王𠃉	QTGP		滚	氵六厶𧘇	IUCE(3)
拼音(gui)				衮	六厶𧘇	UCEU
规	二人冂儿	FWMQ(3)		绲	纟日卜匕	XJXX(3)
圭	土土	FFF		磙	石六厶𧘇	DUCE(3)
硅	石土土	DFFG(3)		鲧	鱼一丿小	QGTI
归	刂彐	JVG(2)		辊	车日卜匕	LJXX(2)
龟	夕日乚	QJNB(3)		棍	木日卜匕	SJXX(3)
闺	门土土	UFFD		**拼音(guo)**		
妫	女丶力丶	VYLY(3)		锅	钅口冂人	QKMW(3)
皈	白厂又	RRCY		郭	亠子阝	YBBH(3)
鲑	鱼一土土	QGFF		埚	土口冂人	FKMW(3)
瑰	王白儿厶	GRQC(3)		呙	口冂人	KMWU
轨	车九	LVN(2)		崞	山亠子	MYBG(3)
鬼	白儿厶	RQCI(3)		猓	犭丿日木	QTJS
诡	讠⺈厂㔾	YQDB(3)		聒	耳丿古	BTDG(3)

汉字	五笔字根	字母
蝈	虫口王、	JLGY(3)
国	口王、	LGYI(1)
馘	丷丿目一	UTHG
掴	扌口王、	RLGY
帼	门丨口、	MHLY
虢	罒寸卜几	EFHM
果	曰木	JSI(2)
裹	亠曰木衣	YJSE
椁	木亠子	SYBG(3)
蜾	虫曰木	JJSY(3)
过	寸辶	FPI(2)

H

拼音（han）		
汉字	五笔字根	字母
酣	西一廿二	SGAF
憨	乙耳攵心	NBTN
邯	廿二阝	AFBH(3)
韩	十早二丨	FJFH
犴	犭丿干	QTFH
顸	干丆贝	FDMY
蚶	虫廿二	JAFG(3)
罕	丿目田干	THLF
含	人、一口	WYNK
涵	氵了丷口	IBIB(3)
寒	宀二刂八	PFJU
函	了丷口	BIBK(3)
邗	干阝	FBH
晗	日人、口	JWYK

汉字	五笔字根	字母
焓	火人、口	OWYK(3)
喊	口厂一丿	KDGT
罕	冖八干	PWFJ(3)
翰	十早人羽	FJWN(3)
撼	扌厂一心	NDGN
捍	扌曰干	RJFH(3)
旱	曰干	JFJ
憾	忄厂一心	NDGN
悍	忄曰干	NJFH(3)
焊	火曰干	OJFH(3)
汗	氵干	IFH
汉	氵又	ICY(2)
菡	艹了丷口	ABIB
瀚	氵十早羽	IFJN
颔	人、一贝	WYNM
拼音（hang）		
夯	大力	DLB
杭	木亠几	SYMN(3)
航	丿舟亠几	TEYM(3)
绗	纟彳二丨	XTFH
颃	亠几丆贝	YMDM
沆	氵亠几	IYMN(3)
拼音（hao）		
蒿	艹亠门口	AYMK(3)
薅	艹女厂寸	AVDF
嚆	口艹亠口	KAYK(3)
壕	土亠冖豕	FYPE
嚎	口亠冖豕	KYPE(3)
豪	亠冖豕	YPEU

字	拆分	编码		字	拆分	编码
毫	亠冖丿乚	YPTN		阖	门土厶皿	UFCL(3)
嗥	口白大十	KRDF(3)		曷	日勹人乚	JQWN
濠	氵亠冖豕	IYPE(3)		盍	土厶皿	FCLF(3)
蚝	虫丿二乚	JTFN(3)		颌	人一口贝	WGKM
郝	土小阝	FOBH		翮	一口门羽	GKMN
好	女了一	VBG(2)		赫	土小土小	FOFO(3)
耗	三小丿乚	DITN		褐	衤丶日乚	PUJN(3)
号	口一勹	KGNB(3)		鹤	冖亻一一	PWYG(3)
浩	氵丿土口	ITFK		贺	力口贝	LKMU(3)
灏	氵日亠贝	IJYM		壑	卜冖一土	HPGF(3)
昊	日一大	JGDU(3)		**拼音（hei）**		
皓	白丿土口	RTFK		嘿	口黑土灬	KLFO(3)
颢	日亠小贝	JYIM(3)		黑	黑土灬	LFOU(3)
拼音（he）				嗨	口氵冖丶	KITU
呵	口丁口	KSKG(3)		**拼音（hen）**		
喝	口日勹乚	KJQN(3)		痕	疒彐㇉	UVEI(3)
荷	艹亻丁口	AWSK(3)		很	彳彐㇉	TVEY(3)
嗬	口艹亻口	KAWK		狠	犭丿彐㇉	QTVE(3)
菏	艹氵丁口	AISK(3)		恨	忄彐㇉	NVEY(2)
核	木亠乚人	SYNW		**拼音（heng）**		
禾	禾禾禾禾	TTTT(3)		哼	口亠了	KYBH(3)
和	禾口	TKG		亨	亠了	YBJ
何	亻丁口	WSKG(3)		横	木龷田八	SAMW
合	人一口	WGKF(3)		衡	彳鱼大亅	TQDH
盒	人一口皿	WFKL		恒	忄一日一	NGJG(3)
貉	豸夂口	EETK		蘅	艹彳鱼亅	ATQH
阂	门亠乚人	UYNW(3)		桁	木彳二亅	STFH
河	氵丁口	ISKG(3)		**拼音（hong）**		
涸	氵口古	ILDG(3)		轰	车又又	LCCU(3)
劾	亠乚丿力	YNTL		哄	口廿八	KAWY

汉字	拆分	编码
烘	火丷八	OAWY
訇	勹言	QYD
薨	艹四冖匕	ALPX
虹	虫工	JAG(2)
鸿	氵工勹一	IAQG
洪	氵丷八	IAWY
宏	宀ナ厶	PDCU
弘	弓厶	XCY
红	纟工	XAG(2)
黉	丷冖丷八	IPAW
荭	艹纟工	AXAF(3)
蕻	艹镸丷八	ADAW
闳	门ナ厶	UDCI(3)
泓	氵弓厶	IXCY(3)
讧	讠工	YAG
拼音（hou）		
喉	口亻ユ大	KWND(3)
侯	亻ユ宀大	WNTD(3)
猴	犭ノ亻大	QTWD(3)
瘊	疒亻ユ大	UWND(3)
篌	竹亻ユ大	TWND(3)
糇	米亻ユ大	OWND(3)
骺	冎月厂口	MERK(3)
吼	口子乚	KBNN(3)
厚	厂曰子	DJBD(3)
候	亻丨ユ大	WHND(3)
后	厂一口	RGKD(2)
後	彳幺攵	TXTY(3)
逅	厂一口辶	RGKP
鲎	丷冖鱼一	IPQG

汉字	拆分	编码		**拼音（hu）**		
呼	口丿丷亅	KTUH(2)
乎	丿丷亅	TUHK(3)
忽	勹丿心	QRNU(3)
唿	口勹丿心	KQRN
惚	忄勹丿心	NQRN(3)
滹	氵虍七亅	IHAH
轷	车丿丷亅	LTUH
烀	火丿丷亅	OTUH(3)
瑚	王古月	GDEG
壶	士冖业一	FPOG(3)
葫	艹古月	ADEF
胡	古月	DEG(2)
蝴	虫古月	JDEG(3)
狐	犭丿厂乀	QTRY
糊	米古月	ODEG(3)
湖	氵古月	IDEG(3)
弧	弓厂厶乀	XRCY(3)
囫	囗勹丿	LQRE(3)
猢	犭丿古月	QTDE
槲	木勹用十	SQEF
煳	火古月	ODEG
鹕	古月勹一	DEQG(3)
醐	西一古月	SGDE
斛	勹用㇐十	QEUF(3)
虎	虍七几	HAMV(2)
唬	口虍七几	KHAM
浒	氵讠丷十	IYTF
琥	王虍七几	GHAM(3)
护	扌丶尸	RYNT(3)

互	一勹一	GXGD(2)
沪	氵丶尸	IYNT(3)
户	丶尸	YNE
冱	氵一勹一	UGXG(3)
芴	艹勹丿	AQRR
岵	山古	MDG
怙	忄古	NDG
戽	丶尸丶十	YNUF(3)
扈	丶尸口巴	YNKC
祜	礻丶古	PYDG
瓠	大二勹八	DFNY
鹱	勹丶勹又	QYNC
笏	竹勹丿	TQRR(3)

拼音(hua)

花	艹亻七	AWXB(3)
砉	三丨石	DHDF
哗	口亻七十	KWXF(3)
华	亻七十	WXFJ(3)
猾	犭冖月	QTME(3)
滑	氵冖月	IMEG(3)
骅	马亻七十	CWXF(3)
铧	钅亻七十	QWXF(3)
画	一田凵	GLBJ(2)
划	戈刂	AJH(2)

拼音(huai)

槐	木白儿厶	SRQC(3)
徊	彳口口	TLKG(3)
怀	忄一小	NGIY(3)
淮	氵亻主	IWYG(3)
坏	土一小	FGIY(3)

踝	口止日木	KHJS

拼音(huan)

欢	又勹人	CQWY(3)
环	王一小	GGIY(3)
桓	木一日一	SGJG
还	一小辶	GIPI(3)
缓	纟爫二又	XEFC(3)
换	扌勹冂大	RQMD(2)
患	口口丨心	KKHN
唤	口勹冂大	KQMD(3)
痪	疒勹冂大	UQMD(3)
豢	丷大豕	UDEU(3)
焕	火勹冂大	OQMD(3)
涣	氵勹冂大	IQMD(3)
宦	宀匚丨丨	PAHH(3)
幻	幺勹	XNN
郇	勹日阝	QJBH(3)
奂	勹冂大	QMDU(3)
萑	艹亻主	AWYF
擐	扌罒一衣	RLGE
圜	囗罒一衣	LLGE(3)
獾	犭丿艹主	QTAY(2)
洹	氵一日一	IGJG(3)
浣	氵宀二儿	IPFQ
漶	氵口口心	IKKN
寰	宀罒一衣	PLGE(3)
逭	宀⺕丨辶	PNHP
缳	纟罒一衣	XLGE
锾	钅爫二又	QEFC

字	拆分	编码	字	拆分	编码
鲩	鱼一宀儿	QGPQ(3)	挥	扌冖车	RPLH(3)
鬟	镸彡罒衣	DELE(3)	辉	䒑儿冖车	IQPL
拼音(huang)			徽	彳山一攵	TMGT
荒	艹亡川	AYNQ	恢	忄ナ火	NDOY(3)
慌	忄艹亡川	NAYQ(3)	蛔	虫口口	JLKG(3)
黄	卄由八	AMWU(3)	回	囗口	LKD
磺	石卄由八	DAMW(3)	毁	臼工几又	VAMC(2)
蝗	虫白王	FRGG(2)	悔	忄𠂉母丶	NTXU(3)
簧	竹卄由八	TAMW	慧	三丨三心	DHDN(3)
皇	白王	RGF	卉	十廾	FAJ
凰	几白王	MRGD(3)	惠	一日丨心	GJHN(3)
惶	忄白王	NRGG	晦	日𠂉母丶	JTXU(3)
煌	火白王	ORGG(2)	贿	贝ナ月	MDEG(3)
晃	日䒑儿	JIQB(2)	秽	禾山夕	TMQY(3)
幌	巾丨日儿	MHJQ	会	人二厶	WFCU(2)
恍	忄䒑儿	NIQN	烩	火人二厶	OWFC(3)
谎	讠艹亡川	YAYQ(3)	汇	氵匚	IAN
隍	阝白王	BRGG(3)	讳	讠二丁丨	YFNH
徨	彳白王	TRGG(3)	海	氵𠂉母丶	YTXU(3)
湟	氵白王	IRGG	绘	纟人二厶	XWFC(3)
潢	氵卄由八	IAMW(3)	诙	讠ナ火	YDOY(3)
遑	白王辶	RGPD(3)	茴	艹囗口	ALKF
璜	王卄由八	GAMW	荟	艹人二厶	AWFC
肓	亠乚月	YNEF	蕙	艹一日心	AGJN(3)
癀	疒卄由八	UAMW(3)	咴	口ナ火	KDOY(3)
蟥	虫卄由八	JAMW(3)	哕	口山夕	KMQY(3)
篁	竹白王	TRGF	喙	口彑豕	KXEY(3)
鳇	鱼一白王	QGRG(3)	𣌶	阝ナ工小	BDAN
拼音(hui)			洄	氵囗口	ILKG(3)
灰	ナ火	DOU(2)			

附　录

汉字	五笔字根	字母
浍	氵人二厶	IWFC
彗	三丨三ヨ	DHDV
缋	纟口丨贝	XKHM(3)
晖	日冖车	JPLH
恚	土土心	FFNU
虺	一儿虫	GQJI
蟪	虫一日心	JGJN
麾	广木木乚	YSSN
拼音(hun)		
荤	艹冖车	APLJ
昏	氏七日	QAJF
婚	女氏七日	VQAJ(2)
魂	二厶白厶	FCRC(3)
浑	氵冖车	IPLH(3)
混	氵日匕	IJXX(3)
诨	讠冖车	YPLH(3)
馄	饣日匕	QNJX
阍	门氏七日	UQAJ(3)
溷	氵囗豕	ILEY
拼音(huo)		
豁	宀三丨口	PDHK
活	氵丿古	ITDG(3)
伙	亻火	WOY(2)
火	火火火火	OOOO(3)
获	艹犭丿犬	AQTD(3)
或	戈口一	AKGD(2)
惑	戈口一心	AKGN
霍	雨亻圭	FWYF
货	亻七贝	WXMU
祸	礻丶口人	PYKW

汉字	五笔字根	字母
劐	艹亻圭刂	AWYJ
藿	艹雨亻圭	AFWY
攉	扌雨亻圭	RFWY
嚯	口雨亻圭	KFWY
夥	曰木夕夕	JSQQ(3)
钬	钅火	QOY
锪	钅勹㣺心	QQRN(3)
镬	钅艹亻又	QAWC
耠	三小人口	DIWK(3)
蠖	虫艹亻又	JAWC

J

拼音（ji）

汉字	五笔字根	字母
击	二山	FMK
圾	土乃丶	FEYY(2)
基	艹三八土	ADWF(2)
机	木几	SMN(2)
畸	田大丁口	LDSK(3)
稽	禾尤匕日	TDNJ
积	禾口八	TKWY(3)
箕	竹艹三八	TADW(3)
肌	月几	EMN(2)
饥	饣几	QNMN(3)
迹	亠小辶	YOPI(3)
激	氵白方攵	IRYT(3)
讥	讠几	YMN
鸡	又勹丶一	CQYG(3)
姬	女匚丨丨	VAHH(3)

绩	纟丰贝	XGMY(3)	记	讠己	YNN(2)
缉	纟口耳	XKBG(3)	既	ヨ厶匚儿	VCAQ(3)
吉	士口	FKF(2)	忌	己心	NNU
极	木乃丶	SEYY(2)	际	阝二小	BFIY(2)
棘	一门小小	GMII	妓	女十又	VFCY(3)
辑	车口耳	LKBG(3)	继	纟米乚	XONN(2)
籍	竹三小日	TDIJ	纪	纟己	XNN(2)
集	亻圭木	WYSU(3)	丌	一丿丨	GJK
急	勹ヨ心	QVNU(3)	亟	了口又一	BKCG(3)
疾	疒大	UTDI(3)	乩	卜口乚	HKNN(3)
汲	氵乃丶	IEYY(3)	剞	大丁口刂	DSKJ
即	ヨ厶卩	VCBH(3)	偐	亻士口	WFKG
嫉	女疒大	VUTD(3)	偈	亻日勹乚	WJQN(3)
级	纟乃丶	XEYY(2)	诘	讠士口	YFKG(3)
挤	扌文刂	RYJH(3)	墼	一日十土	GJFF
几	几丿乀	MTN(2)	芨	艹乃丶	AEYU(3)
脊	八人月	IWEF(3)	芰	艹十又	AFCU
己	己コ一乚	NNGN(3)	荠	艹文刂	AYJJ
蓟	艹鱼一刂	AQGJ	蒺	艹疒大	AUTD(3)
技	扌十又	RFCY(3)	戢	艹口耳丿	AKBT
冀	丬匕田八	UXLW(3)	掎	扌大丁口	RDSK
季	禾子	TBF(2)	叽	口几	KMN
伎	亻十又	WFCY	喆	口士口	KFKG
祭	𥫗二小	WFIU(3)	唶	口文刂	KYJH(3)
剂	文刂刂	YJJH	唧	口ヨ厶卩	KVCB
悸	忄禾子	NTBG(3)	岌	山乃丶	MEYU
济	氵文刂	IYJH(3)	崤	山八人月	MIWE(3)
寄	宀大丁口	PDSK(3)	洎	氵丿目	ITHG
寂	宀卜小又	PHIC(3)	屐	尸彳十又	NTFC
计	讠十	YFH(2)	骥	马丬匕八	CUXW(3)

附　录

畿	幺幺戈田	XXAL(3)		佳	亻土土	WFFG
玑	王几	GMN		家	宀豕	PEU(2)
枅	木口耳	SKBG(3)		加	力口	LKG(2)
殛	一夕了一	GQBG(3)		荚	艹一丷人	AGUW
戢	十日十戈	FJAT(3)		颊	一丷人贝	GUWM
唧	口耳丨丿	KBNT		贾	西贝	SMU
赍	十人人贝	FWWM(3)		甲	甲丨冂丨	LHNH
觊	山己冂儿	MNMQ		钾	钅甲	QLH
犄	丿扌大口	TRDK(3)		假	亻コ丨又	WNHC(3)
齑	文三刂刂	YDJJ		稼	禾宀豕	TPEY(3)
矶	石几	DMN		价	亻人刂	WWJH(3)
羁	罒廿申马	LAFC(3)		架	力口木	LKSU(3)
稽	禾尤乚曰	TDNM		嫁	女宀豕	VPEY(3)
稷	禾田八夂	TLWT(3)		伽	亻力口	WLKG(3)
瘠	疒䒑人月	UIWE(3)		郏	一丷人阝	GUWB
虮	虫几	JMN		葭	艹コ丨又	ANHC
笈	𥫗乃丶	TEYU		岬	山甲	MLH
笄	𥫗一廾	TGAJ		浃	氵一丷人	IGUW(3)
暨	彐厶匚一	VCAG		迦	力口辶	LKPD(3)
跻	口止文刂	KHYJ		珈	王力口	GLKG(3)
跽	口止己心	KHNN		戛	丆目戈	DHAR(3)
霁	雨文刂	FYJJ(3)		胛	月甲	ELH
鲚	鱼一文刂	QGYJ		恝	三丨刀心	DHVN
鲫	鱼一彐卩	QGVB		铗	钅一丷人	QGUW
髻	镸彡士口	DEFK		镓	钅宀豕	QPEY(3)
麂	广冂刂几	YNJM		痂	疒力口	ULKD
拼音（jia）				瘕	疒コ丨又	UNHC(3)
嘉	士口艹口	FKUK		袷	衤人口	PUWK
枷	木力口	SLKG(3)		蛱	虫一丷人	JGUW(3)
夹	一丷人	GUWI(3)		筴	𥫗力口	TLKF

汉字	拆分	编码	汉字	拆分	编码
袈	加口亠衣	LKYE(3)	贱	贝戋	MGT
跏	口止力口	KHLK	见	冂儿	MQB
拼音（jian）			键	钅彐二丨	QVFP
歼	一夕丿十	GQTF(3)	箭	竹丷月刂	TUEJ(3)
监	丨𠂊丶皿	JTYL	件	亻𠂉丨	WRHH(3)
坚	丨又土	JCFF(3)	健	亻彐二丨	WVFP(3)
尖	小大	IDU(2)	舰	丿舟冂儿	TEMQ
笺	竹戋	TGR	剑	人一丷刂	WGIJ(3)
间	门日	UJD(2)	饯	⺈㇄戋	QNGT
煎	丷月刂灬	UEJO	渐	氵车斤	ILRH(2)
兼	丷彐小	UVOU(3)	溅	氵贝戋	IMGT
肩	丶尸月	YNED	涧	氵门日	IUJG
艰	又彐㇄	CVEY(2)	僭	亻匚儿日	WAQJ
奸	女干	VFH	谏	讠一一小	YGLI(3)
缄	纟厂一丿	XDGT(3)	谢	讠丷月刂	YUEV(3)
茧	艹虫	AJU	萱	艹宀冖口	APNN
检	木人一丷	SWGI(2)	蒹	艹丷彐小	AUVO(3)
柬	一囗小	GLII(3)	搛	扌丷彐小	RUVO
碱	石厂一丿	DDGT(3)	涮	氵丷月刂	IUEJ(3)
硷	石人一丷	DWGI	寋	宀二丨𠃊	PFJH
拣	扌七丁八	RANW	謇	宀二丨言	PFJY
捡	扌人一丷	RWGI	缣	纟丷彐小	XUVO
简	竹门日	TUJF(3)	枧	木冂儿	SMQN
俭	亻人一丷	WWGI	楗	木彐二丨	SVFP
剪	丷月刂刀	UEJV	戋	戋一一丿	GGGT
减	冫厂一丿	UDGT(3)	戬	一业一戈	GOGA
荐	艹𠂇丨子	ADHB(3)	牮	亻弋𠂉丨	WARH(3)
槛	木丨𠂊皿	SJTL(3)	犍	丿扌彐二	TRVP(3)
鉴	丨𠂊丶金	JTYQ	踺	丿二𠃊㇄	TFNP
践	口止戋	KHGT(3)			

腱	月彐二廴	EVFP		礓	石一田一	DGLG(3)
睑	目人一丷	HWGI		耩	三小二土	DIFF
锏	钅门日	QUJG		糨	米弓口虫	OXKJ(2)
鹣	丷彐小一	UVOG		豇	一口丷工	GKUA
裥	衤丶门日	PUUJ		**拼音（jiao）**		
笕	𥫗门儿	TMQB		蕉	艹亻圭灬	AWYO(3)
蒹	丷月刂羽	UEJN		椒	木上小又	SHIC(3)
趼	口止一廾	KHGA		礁	石亻圭灬	DWYO(3)
踺	口止彐廴	KHVP		焦	亻圭灬	WYOU(3)
鲣	鱼一刂土	QGJF		胶	月六乂	EUQY(2)
鞯	廿申艹子	AFAB(3)		交	六乂	UQU(2)
拼音（jiang）				郊	六乂阝	UQBH(3)
僵	亻一田一	WGLG(3)		浇	氵弋丿儿	IATQ(3)
姜	丷王女	UGVF(3)		骄	马丿大刂	CTDJ
将	丬夕寸	UQFY(3)		娇	女丿大刂	VTDJ
浆	丬夕水	UQIU(3)		嚼	口皿罒寸	KELF(3)
江	氵工	IAG(2)		搅	扌丷冖儿	RIPQ
疆	弓土一一	XFGG(3)		铰	钅六乂	QUQY(3)
蒋	艹丬夕寸	AUQF(3)		轿	广大丿刂	TDTJ
桨	丬夕木	UQSU(3)		侥	亻弋丿儿	WATQ
奖	丬夕大	UQDU(3)		脚	月土厶卩	EFCB
讲	讠二刂	YFJH(3)		狡	犭丿六乂	QTUQ(3)
匠	匚斤	ARK(2)		角	勹用	QEJ(2)
酱	丬夕西一	UQSG		饺	𠂉乚六乂	QNUQ
降	阝夂匚丨	BTAH(2)		缴	纟白方攵	XRYT(3)
茳	艹氵工	AIAF(3)		绞	纟六乂	XUQY(3)
洚	氵夂匚丨	ITAH(3)		剿	巛曰木刂	VJSJ
绛	纟夂匚丨	XTAH		教	土丿子攵	FTBT
缰	纟一田一	XGLG(3)		酵	西一土子	SGFB
犟	弓口虫丨	XKJH		轿	车丿大刂	LTDJ(3)

汉字	字根	编码	汉字	字根	编码
较	车六乂	LUQY(2)	杰	木灬	SOU(2)
叫	口丨丨	KNHH(2)	捷	扌一彐⺊	RGVH(3)
窖	宀八⺊口	PWTK	睫	目一彐⺊	HGVH(3)
佼	亻六乂	WUQY(3)	竭	立日勹乚	UJQN
僬	亻亻主灬	WWYO	洁	氵士口	IFKG
艽	艹九	AVB	结	纟士口	XFKG(2)
葖	艹六乂	AUQU	解	勹用刀丨	QEVH(3)
挢	扌丿大儿	RTDJ	姐	女月一	VEGG(3)
噍	口亻主灬	KWYO	戒	戈廾	AAK
峤	山丿大儿	MTDJ	藉	艹三小日	ADIJ(3)
徼	彳白方攵	TRYT	芥	艹人儿	AWJJ(3)
姣	女六乂	VUQY(3)	界	田人儿	LWJJ(3)
敫	白方攵	RYTY	借	亻⺺日	WAJG(3)
皎	白六乂	RUQY(3)	介	人儿	WJJ(2)
僬	亻主灬一	WYOG	疥	疒人儿	UWJK(3)
蛟	虫六乂	JUQY(3)	诫	讠戈廾	YAAH
醮	西一亻灬	SGWO	届	尸由	NMD(2)
跤	口止六乂	KHUQ	讦	讠干	YFH
鲛	鱼一六乂	QGUQ	拮	扌士口	RFKG(3)
拼音（jie）			喈	口⺊匕白	KXXR
揭	扌日勹乚	RJQN(3)	嗟	口丷⺹工	KUDA
接	扌立女	RUVG(3)	婕	女一彐⺊	VGVH(3)
皆	⺊匕白	XXRF(3)	孑	孑	BNHG
秸	禾士口	TFKG	桀	歹匚丨木	QAHS
街	彳土土丨	TFFH	碣	石日勹乚	DJQN(3)
阶	阝人儿	BWJH(3)	疖	疒卩	UBK
截	十戈亻主	FAWY(3)	颉	士口丆贝	FKDM(3)
劫	土厶力	FCLN	蚧	虫人儿	JWJH(3)
节	艹卩	ABJ(2)	羯	丷⺹曰乚	UDJN
桔	木士口	SFKG(3)	鲒	鱼一士口	QGFK

骱	冎月人刂	MEWJ(3)		瑾	王廿口圭	GAKG
拼音（jin）				槿	木廿口圭	SAKG(3)
巾	冂丨	MHK		贐	贝尸乀氵	MNYU(3)
筋	𥫗月力	TELB		觐	廿口圭儿	AKGQ
斤	斤丿丨	RTTH		衿	衤丶人一	PUWN
金	金金金金	QQQQ		拼音（jing）		
今	人丶一	WYNB		荆	廿一廾刂	AGAJ(3)
津	氵ヨ二丨	IVFH		兢	古儿古儿	DQDQ
襟	衤丶木小	PUSI(3)		茎	艹又工	ACAF(3)
紧	刂又幺小	JCXI(2)		睛	目圭月	HGEG
锦	钅白冂丨	QRMH(3)		晶	日日日	JJJF(3)
仅	亻又	WCY		鲸	鱼一亠小	QGYI(3)
谨	讠廿口圭	YAKG(3)		京	亠小	YIU
进	二丿辶	FJPK(2)		惊	忄亠小	NYIY
靳	廿串斤	AFRH(3)		精	米圭月	OGEG
晋	一业一日	GOGJ		粳	米一日乂	OGJQ(3)
禁	木木二小	SSFI(3)		经	纟又工	XCA(1)
近	斤辶	RPK(2)		井	二丿	FJK
烬	火尸乀氵	ONYU(3)		警	廿勹口言	AQKY
浸	氵彐冖又	IVPC(3)		景	日亠小	JYIU(2)
尽	尸乀氵	NYUU(3)		颈	又工厂贝	CADM(3)
劲	又工力	CALN		静	圭月爫亅	GEQH(3)
卺	了八一口	BIGB		境	土立日儿	FUJQ(3)
荩	廿尸乀氵	ANYU		敬	廿勹口攵	AQKT(3)
堇	廿口圭	AKGF		镜	钅立日儿	QUJQ
噤	口木木小	KSSI		径	彳又工	TCAG(3)
馑	夂乚廿口	QNAG		痉	疒又工	UCAD(3)
廑	广廿口圭	YAKG		靖	立圭月	UGEG(3)
妗	女人丶一	VWYN(3)		竟	立日儿	UJQB(3)
缙	纟一业日	XGOJ		竞	立口儿	UKQB

字	拆分	编码	字	拆分	编码
净	冫夂彐	UQVH(3)	厩	厂彐厶儿	DVCQ(3)
刭	又工刂	CAJH	救	十丷丶攵	FIYT
儆	亻艹勹攵	WAQT	旧	丨日	HJG
阱	阝二丿	BFJH(3)	臼	臼丿一	VTHG(3)
菁	艹㐂月	AGEF	舅	臼田力	VLLB(2)
獍	犭丶立儿	QTUQ	咎	夂卜口	THKF(3)
憬	忄日亠小	NJYI(3)	就	亠小尢乚	YIDN(2)
泾	氵又工	ICAG	疚	疒夂丶	UQYI(3)
迳	又工辶	CAPD	僦	亻亠小乚	WYIN(3)
弪	弓又工	XCAG	啾	口禾火	KTOY(3)
婧	女㐂月	VGEG(3)	阄	门勹曰乚	UQJN(3)
胼	月二丿	EFJH(3)	枢	木匚夂	SAQY
胫	月又工	ECAG(3)	桕	木臼	SVG
腈	月㐂月	EGEG	鸠	九勹丶一	VQYG
旌	方𠂉丿㐂	YTTG	鹫	亠小尢一	YIDG
	拼音（jiong）		赳	土龰乚丨	FHNH
炯	火冂口	OMKG(3)	鬏	镸彡禾火	DETO
窘	宀八彐口	PWVK		拼音(ju)	
迥	冂口辶	MKPD(3)	鞠	廿申勹米	AFQO(3)
扃	丶尸冂口	YNMK	拘	扌勹口	RQKG(3)
	拼音（jiu）		狙	犭丿目一	QTEG
揪	扌禾火	RTOY(3)	疽	疒目一	UEGD(3)
究	宀八九	PWVB(3)	居	尸古	NDD(2)
纠	纟亅丨	XNHH(3)	驹	马勹口	CQKG(3)
玖	王夂丶	GQYY(3)	菊	艹勹米	AQOU(3)
韭	三 ‖ 三一	DJDG	局	尸冂口	NNKD(3)
久	夂丶	QYI(2)	咀	口目一	KEGG(3)
灸	夂丶火	QYOU(3)	矩	𠂉大匚彐	TDAN(3)
九	九丿乚	VTN(2)	举	丷八二丨	IWFH(3)
酒	氵西一	ISGG	沮	氵目一	IEGG(3)

聚	耳又丿水	BCTI(3)		裾	衤丶尸古	PUND
拒	扌匚コ	RANG(3)		赳	土止月一	FHEG(3)
据	扌尸古	RNDG(3)		醵	西一卢豕	SGHE
巨	匚コ	AND		蹻	口止八丶	KHTY
具	且八	HWU(2)		龃	止人凵一	HWBG
距	口止匚コ	KHAN(3)		雎	月一亻圭	EGWY(3)
踞	口止	KHND		瞿	目目亻圭	HHWY
俱	亻且八	WHWY(3)		鞠	廿巾勹言	AFQY
句	勹口	QKD		**拼音(juan)**		
惧	忄且八	NHWY(3)		捐	扌口月	RKEG(3)
炬	火匚コ	OANG(3)		鹃	口月勹一	KEQG(3)
剧	尸古刂	NDJH(3)		娟	女口月	VKEG(3)
倨	亻尸古	WNDG(3)		倦	亻龹大巳	WUDB(3)
讵	讠匚コ	YANG		眷	龹大目	UDHF
苣	艹匚コ	AANF(3)		卷	龹大巳	UDBB
苴	艹月一	AEGF(3)		绢	纟口月	XKEG(3)
苢	艹口口	AKKF(3)		鄄	西土阝	SFBH(3)
掬	扌勹米	RQOY(3)		狷	犭丿口月	QTKE
遽	卢七豕辶	HAEP(3)		涓	氵口月	IKEG(3)
屦	尸亻米女	NTOV		桊	龹大木	UDSU
琚	王尸古	GNDG(3)		蠲	龹八罒虫	UWLJ
椐	木尸古	SNDG(3)		锩	钅龹大巳	QUDB
榘	广大匚木	TDAS		镌	钅亻圭乃	QWYE
榉	木龹八丨	SIWH(3)		隽	亻圭乃	WYEB
橘	木矛ア口	SCBK		**拼音(jue)**		
惧	丿扌且八	TRHW		撅	扌厂龹人	RDUW
飓	几乂且八	MQHW(3)		攫	扌目目又	RHHC(3)
钜	钅匚コ	QANG(3)		擢	扌羽亻圭	RNWY
锔	钅尸冂口	QNNK		掘	扌尸凵山	RNBM
窭	宀八米女	PWOV(3)				

汉字	五笔字根	字母
倔	亻尸凵山	WNBM(3)
爵	爫罒ヨ寸	ELVF(3)
觉	⺍冖冂儿	IPMQ
决	冫𠃌大	UNWY(2)
诀	讠𠃌大	YNWY
绝	纟⺈巴	XQCN(3)
厥	厂丷凵人	DUBW
劂	厂丷凵刂	DUBJ
谲	讠⺈冖口	YCBK
矍	目目亻又	HHWC(3)
蕨	艹厂丷人	ADUW(3)
噘	口厂丷人	KDUW(3)
噱	口⺁七豕	KHAE
崛	山尸凵山	MNBM
獗	犭丿厂人	QTDW
孓	了㇏	BYI
珏	王王丶	GGYY(3)
桷	木⺈用	SQEH(3)
橛	木厂丷人	SDUW
爝	火罒寸	OELF(3)
镢	钅厂丷人	QDUW
蹶	口止厂人	KHDW
觖	⺈用𠃌人	QENW(3)
拼音(jun)		
均	土勹冫	FQUG(3)
菌	艹口禾	ALTU(3)
钧	钅勹冫	QQUG
军	冖车	PLJ(2)
君	ヨ丿口	VTKD
峻	山厶八夂	MCWT(3)
俊	亻厶八夂	WCWT(3)
竣	立厶八夂	UCWT(3)
浚	氵厶八夂	ICWT
郡	ヨ丿口阝	VTKB
骏	马厶八夂	CCWT(3)
捃	扌ヨ丿口	RVTK(3)
鞍	宀车广又	PLHC(3)
筠	𥫗土勹冫	TFQU
麇	广コ丨禾	YNJT

K

汉字	五笔字根	字母
拼音(ka)		
喀	口宀夂口	KPTK(3)
咖	口力口	KLKG(3)
卡	上卜	HHU
咯	口夂口	KTKG(3)
佧	亻上卜	WHHY(3)
咔	口上卜	KHHY
胩	月上卜	EHHY(3)
拼音(kai)		
开	一廾	GAK(2)
揩	扌匕白	RXXR
楷	木匕白	SXXR(2)
凯	山己几	MNMN(3)
慨	忄ヨ厶丸	NVCQ(3)
剀	山己刂	MNJH(3)
垲	土山己	FMNN(3)
锴	钅匕白	AXXR

忾	忄匕乀	NRNN(3)
恺	忄山已	NMNN(3)
铠	钅山已	QMNN(3)
锎	钅门一卅	QUGA
锴	钅匕匕白	QXXR(3)
拼音(kan)		
刊	干刂	FJH
堪	土卅三乚	FADN
勘	卅三八力	ADWL
坎	土𠂉人	FQWY(3)
砍	石𠂉人	DQWY(3)
看	𠂆目	RHF
侃	亻口儿	WKQN(3)
莰	卅土𠂉人	AFQW
戡	卅三八戈	ADWA
龛	人一口匕	WGKX
瞰	目𠮛耳攵	HNBT(3)
拼音(kang)		
康	广彐小	YVII(3)
慷	忄广彐小	NYVI(3)
糠	米广彐小	OYVI
扛	扌工	RAG
抗	扌亠几	RYMN
亢	亠几	YMB
炕	火亠几	OYMN(3)
伉	亻亠几	WYMN(3)
闶	门亠几	UYMV
钪	钅亠几	QYMN
拼音(kao)		
考	土丿一勹	FTGN(3)

拷	扌土丿勹	RFTN(3)
烤	火土丿勹	OFTN(3)
靠	丿土口三	TFKD
尻	尸九	NVV
栲	木土丿勹	SFTN
犒	丿扌亠口	TRYK
铐	钅土丿勹	QFTN
拼音(ke)		
坷	土丁口	FSKG(3)
苛	卅丁口	ASKF(2)
柯	木丁口	SSKG(3)
棵	木曰木	SJSY
磕	石土厶皿	DFCL(3)
颗	曰木丆贝	JSDM(3)
科	禾丶十	TUFH(2)
壳	士冖几	FPMB(3)
咳	口亠乚人	KYNW
可	丁口	SKD(2)
渴	氵曰勹乚	IJQN(3)
克	十口儿	DQB(2)
刻	亠乚丿刂	YNTJ(3)
客	宀夂口	PTKF(2)
课	讠曰木	YJSY(3)
嗑	口土厶皿	KFCL
岢	山丁口	MSKF(3)
恪	忄夂口	NTKG
溘	氵土厶皿	IFCL
骒	马曰木	CJSY(2)
缂	纟卅中	XAFH
珂	王丁口	GSKG(3)

汉字	拆分	编码	汉字	拆分	编码
轲	车丁口	LSKG(3)	\multicolumn{3}{c}{拼音(kou)}
氪	二乀丿儿	RNDQ	抠	扌匚乂	RAQY(3)
瞌	目土厶皿	HFCL	口	口口口口	KKKK
钶	钅丁口	QSKG(3)	扣	扌口	RKG(2)
锞	钅曰木	QJSY(3)	寇	宀二儿又	PFQC
稞	禾曰木	TJSY	芤	艹子乚	ABNB(3)
疴	疒丁口	USKD	叩	口卩	KBH
窠	宀八曰木	PWJS(3)	眍	目匚乂	HAQY(3)
颏	亠乚丿贝	YNTM	筘	竹扌口	TRKF(3)
蝌	虫禾丶十	JTUF(3)	\multicolumn{3}{c}{拼音(ku)}
髁	骨月曰木	MEJS(3)	枯	木古	SDG(2)
\multicolumn{3}{c}{拼音(ken)}	哭	口口犬	KKDU
肯	止月	HEF(2)	窟	宀八尸山	PWNM(3)
啃	口止月	KHEG(3)	苦	艹古	ADF
垦	彐〖土	VEFF(3)	酷	西一丿口	SGTK
恳	彐〖心	VENU	库	广车	YLK
裉	衤丶彐〖	PUVE	裤	衤丶广车	PUYL(3)
\multicolumn{3}{c}{拼音(keng)}	刳	大二丂刂	DFNJ
坑	土亠几	FYMN(3)	堀	土尸凵山	FNBM
吭	口亠几	KYMN(3)	喾	丷冖子口	IPTK(3)
铿	钅刂又土	QJCF(3)	绔	纟大二丂	XDFN(3)
\multicolumn{3}{c}{拼音(kong)}	骷	骨月古	MEDG
空	宀八工	PWAF(2)	\multicolumn{3}{c}{拼音(kua)}
恐	工几丶心	AMYN	夸	大二丂	DFNB(3)
孔	子乚	BNN	垮	土大二丂	FDFN
控	扌宀八工	RPWA(3)	挎	扌大二丂	RDFN
倥	亻宀八工	WPWA(3)	跨	口止大丂	KHDN(3)
崆	山宀八工	MPWA(3)	胯	月大二丂	EDFN(3)
箜	竹宀八工	TPWA(3)	侉	亻大二丂	WDFN(3)

字	部件	编码	字	部件	编码
拼音(kuai)			觑	贝口儿	MKQN(3)
块	土コ人	FNWY(3)	**拼音(kui)**		
筷	⺮忄コ人	TNNW(3)	亏	二丂	FNV
侩	亻人二厶	WWFC	盔	𠂇火皿	DOLF(3)
快	忄コ人	NNWY(3)	岿	山丨彐	MJVF(3)
蒯	廿月冂刂	AEEJ	窥	宀八二儿	PWFQ
郐	人二厶阝	WFCB	葵	廿癶一大	AWGD(3)
哙	口人二厶	KWFC	奎	大土土	DFFF
狯	犭丿人厶	QTWC	魁	白儿厶十	RQCF
脍	月人二厶	EWFC(3)	傀	亻白儿厶	WRQC(3)
拼音(kuan)			馈	𠂊𠃑口贝	QNKM(3)
宽	宀廿冂儿	PAMQ(2)	愧	忄白儿厶	NRQC(3)
款	士二小人	FFIW(3)	溃	氵口丨贝	IKHM(3)
髋	骨月宀儿	MEPQ	尳	九䒑丿目	VUTH
拼音(kuang)			匮	匚口丨贝	AKHM(3)
匡	匚王	AGD	夔	䒑止丿夂	UHTT(3)
筐	⺮匚王	TAGF(3)	隗	阝白儿厶	BRQC(3)
狂	犭丿王	QTGG(3)	蒉	廿口丨贝	AKHM
框	木匚王	SAGG	揆	扌癶一大	RWGD
矿	石广	DYT	喹	口大土土	KDFF(3)
眶	目匚王	HAGG(3)	喟	口田月	KLEG(3)
旷	日广	JYT	恺	忄曰土	NJFG
况	冫口儿	UKQN(3)	愦	忄口丨贝	NKHM
诓	讠匚王	YAGG	逵	土八土辶	FWFP
诳	讠犭丿王	YQTG(3)	暌	日癶一大	JWGD
邝	广阝	YBH	睽	目癶一大	HWGD
圹	土广	FYT	聩	耳口丨贝	BKHM(3)
夼	大川	DKJ	蜂	虫大土土	JDFF
哐	口匚王	KAGG(3)	篑	⺮口丨贝	TKHM
纩	纟广	XYT	跬	口止土土	KHFF

拼音(kun)		
坤	土曰丨	FJHH
昆	日匕匕	JXXB(2)
捆	扌囗木	RLSY(3)
困	囗木	LSI(2)
悃	忄囗木	NLSY(3)
阃	门囗木	ULSI(3)
琨	王日匕匕	GJXX(3)
锟	钅日匕匕	QJXX(3)
醌	西一日匕	SGJX
鲲	鱼一日匕	QGJX
髡	镸彡一儿	DEGQ

拼音(kuo)		
括	扌丿古	RTDG(3)
扩	扌广	RYT(2)
廓	广古子阝	YYBB(3)
阔	门氵丿古	UITD(3)
蛞	虫丿古	JTDG

L

拼音（la）		
汉字	五笔字根	字母
垃	土立	FUG
砬	石立	DUG
拉	扌立	RUG(2)
啦	口扌立	KRUG(3)
邋	巛口乂辶	VLQP(3)
旯	日九	JVB
喇	口一口刂	KGKJ(3)

瘌	疒一口刂	UGKJ
腊	月廿日	EAJG(3)
蜡	虫廿日	JAJG(3)
辣	辛一口小	UGKI(3)

拼音（lai）		
来	一米	GOI(2)
涞	氵一米	IGOY(3)
莱	艹一米	AGOU(3)
崃	山一米	MGOY(3)
徕	彳一米	TGOY(3)
铼	钅一米	QGOY
赉	一米贝	GOMU(3)
睐	目一米	HGOY(3)
赖	一口小贝	GKIM
濑	氵一口贝	IGKM
癞	疒一口贝	UGKM
籁	竹一口贝	TGKM

拼音（lan）		
兰	䒑二	UFF
拦	扌䒑二	RUFG(3)
栏	木䒑二	SUFG(3)
烂	火䒑二	OUFG
岚	山几乂	MMQU
婪	木木女	SSVF(3)
阑	门一四小	UGLI
谰	讠门一小	YUGI(3)
澜	氵门一小	IUGI
斓	文门一小	YUGI(3)
镧	钅门一小	QUGI
蓝	艹刂广皿	AJTL(3)

览	丿丷、儿	JTYQ		锘	钅艹宀力	QAPL(3)
揽	扌丿丷儿	RJTQ(3)		醪	酉一羽彡	SGNE
缆	纟丿丷儿	XJTQ(3)		老	土丿匕	FTXB
榄	木丿丷儿	SJTQ		佬	亻土丿匕	WFTX(3)
啷	皿十门十	LFMF(3)		姥	女土丿匕	VFTX(3)
漤	氵木木女	ISSV		栳	木土丿匕	SFTX
懒	忄一口贝	NGKM		铑	钅土丿匕	QFTX
滥	氵丿丷皿	IJL(3)		络	纟夂口	XTKG(3)
拼音（lang）				铬	钅夂口	QTKG(3)
啷	口、彐阝	KYVB(3)		酪	酉一夂口	SGTK
郎	、彐厶阝	YVCB		涝	氵艹宀力	IAPL(3)
廊	广、彐阝	YYVB(3)		耢	三小艹力	DIAL
榔	木、彐阝	SYVB(3)		**拼音（le）**		
螂	虫、彐阝	JYVB(3)		仂	亻力	WLN
狼	犭丶丷𠄌	QTYE(3)		叻	口力	KLN
琅	王、彐𠄌	GYVE(3)		泐	氵阝力	IBLN(3)
阆	门、彐𠄌	UYVE(3)		乐	匚小	QII(2)
稂	禾、彐𠄌	TYVE(3)		勒	廿中力	AFLN(3)
锒	钅、彐𠄌	QYVE		鳓	鱼一廿力	QGAL
朗	、彐厶月	YVCE(3)		**拼音（lei）**		
浪	氵、彐𠄌	IYVE(3)		嫘	女田幺小	VLXI(3)
莨	艹、彐𠄌	AYVE(3)		累	田幺小	LXIU(3)
蒗	艹氵、𠄌	AIYE		缧	纟田幺小	XLXI
拼音（lao）				雷	雨田	FLF
捞	扌艹宀力	RAPL(3)		擂	扌雨田	RFLG(3)
牢	宀丨	PRHJ(3)		檑	木雨田	SFLG(3)
劳	艹宀力	APLB(3)		镭	钅雨田	QFLG(3)
唠	口艹宀力	KAPL(3)		蠃	亠乚口、	YNKY
痨	疒艹宀力	UAPL		耒	三小	DII

字	拆分	编码	字	拆分	编码
诔	讠三小	YDIY	𪍿	禾勹丿灬	TQTO
垒	厶厶厶土	CCCF	嫠	二小夂女	FITV(3)
蕾	艹雨田	AFLF	瞿	罒亻亻圭	LNWY(3)
磊	石石石	DDDF(3)	蠡	彑豕虫虫	XEJJ(3)
儡	亻田田田	WLLL(3)	礼	礻、乚	PYNN
泪	氵目	IHG	李	木子	SB
类	米大	ODU(2)	里	日土	JFD
酹	西一冖寸	SGEF(3)	俚	亻日土	WJFG(3)
拼音（leng）			哩	口日土	KJFG(3)
楞	木罒方	SLYN(3)	娌	女日土	VJFG
冷	冫人、マ	UWYC	理	王日土	GJFG(2)
愣	忄罒方	NLYN(3)	锂	钅日土	QJFG(3)
拼音（li）			鲤	鱼一日土	QGJF
丽	一冂、、	GMYY(3)	逦	一冂、辶	GMYP
骊	马一冂、	CGMY(3)	澧	氵门丗豆	IMAU(3)
鹂	一冂、一	GMYG	醴	西一门丗	SGMU
鲡	鱼一一、	QGGY	鳢	鱼一门丗	QGMU
厘	厂曰土	DJFD	力	力丿㇆	LTN(2)
喱	口厂曰土	KDJF	荔	艹力力力	ALLL(3)
狸	犭日土	QTJF	历	厂力	DLV(2)
离	文凵冂厶	YBMC(2)	沥	氵厂力	IDLN(3)
漓	氵文凵厶	IYBC	苈	艹厂力	ADLB(3)
缡	纟文凵厶	XYBC(3)	呖	口厂力	KDLN(3)
璃	王文凵厶	GYBC(3)	枥	木厂力	SDLN(3)
篱	竹文凵厶	TYBC(3)	雳	雨厂力	FDLB
梨	禾刂木	TJSU(3)	立	立立立立	UUUU(2)
蜊	虫禾刂	JTJH(3)	苙	艹亻立	AWUF
黎	禾勹丿水	TQTI(3)	粒	米立	OUG
藜	艹禾勹水	ATQI(3)	笠	竹立	TUF

附　录

厉	厂ァ丁	DDNV(3)
励	厂ァ丁力	DDNL
疠	疒厂ァ丁	UDNV
砺	石厂ァ丁	DDDN
粝	米厂ァ丁	ODDN(3)
蛎	虫厂ァ丁	JDDN(3)
吏	一口乂	GKQI(3)
俪	亻一门丶	WGMY
郦	一门丶阝	GMYB
利	禾刂	TJH
俐	亻禾刂	WTJH(3)
莉	艹禾刂	ATJJ(3)
猁	犭禾刂	QTTJ(3)
痢	疒禾刂	UTJK(3)
戾	丶尸犬	YNDI(3)
唳	口丶尸犬	KYND
例	亻一夕刂	WGQJ(3)
栎	木冂小	SQIY(3)
轹	车冂小	LQIY(3)
砾	石冂小	DQIY(3)
隶	彐水	VII
鬲	一口门丨	GKMH
栗	西米	SSU
溧	氵西木	ISSY
篥	竹西木	TSSU(3)
詈	罒言	LYF
拼音（lia）		
俩	亻一门人	WGMW

拼音（lian）		
奁	大匚乂	DAQU(3)
连	车辶	LPK
涟	氵车辶	ILPY
莲	艹车辶	ALPU(3)
裢	衤车辶	PULP(3)
鲢	鱼一车辶	QGLP
怜	忄人丶丁	NWYC
帘	宀八门丨	PWMH(3)
联	耳丷大	BUDY(2)
廉	广丷彐小	YUVO
濂	氵广丷小	IYUO(3)
臁	月广丷小	EYUO(3)
镰	钅广丷小	QYUO
蠊	虫广丷小	JYUO(3)
琏	王车辶	GLPY(3)
脸	月人一丷	EWGI(2)
敛	人一丷攵	WGIT
裣	衤人丷	PUWI
蔹	艹人一攵	AWGT
练	纟七小	XANW(3)
炼	火丆七小	OANW
恋	亠丷心	YONU(3)
殓	一夕人丷	GQWI(3)
潋	氵人一攵	IWGT
链	钅车辶	QLPY(3)
楝	木一囗小	SGLI(3)
拼音（liang）		
良	丶彐𠄌	YVEI(2)

粮	米、彐夂	OYVE(3)	廖	广羽人彡	YNWE(3)
跟	口止、夂	KHYE	撂	扌田夂口	RLTK(3)
凉	冫亠小	UYIY	镣	钅大丷小	QDUI(3)
梁	氵刀八木	IVWS(3)	\multicolumn{3}{c}{拼音（lie）}
梁	氵刀八米	IVWO	咧	口一夕刂	KGQJ(3)
量	曰一曰土	JGJF(2)	裂	一夕刂衣	GQJE
两	一冂人人	GMWW	劣	小丿力	ITLB(3)
亮	亠冖几	YPMB(3)	列	一夕刂	GQJH
谅	讠亠小	YYIY(3)	洌	氵一夕刂	UGQJ(3)
晾	日亠小	JYIY	冽	冫一夕刂	IGQJ(3)
辆	车一冂人	LGMW(3)	烈	一夕刂灬	GQJO
靓	丰月门儿	GEMQ(3)	趔	土走一刂	FHGJ
\multicolumn{3}{c}{拼音（liao）}	埒	土爫寸	FEFY(3)
辽	了辶	BPK(2)	捩	扌、尸犬	RYND
疗	疒了	UBK	猎	犭丿廿日	QTAJ(3)
聊	耳𠂉卜𠂆	BQTB(3)	躐	口止巛𠃊	KHVN
僚	亻大丷小	WDUI(3)	鬣	镸彡巛𠃊	DEVN
嘹	口大丷小	KDUI	\multicolumn{3}{c}{拼音（lin）}
獠	犭丿大小	QTDI	邻	人、⻏	WYCB
缭	纟大丷小	XDUI(3)	林	木木	SSY(2)
寮	宀大丷小	PDUI(3)	啉	口木木	KSSY(3)
鹩	大丷日一	DUJG	淋	氵木木	ISSY(3)
寥	宀羽人彡	PNWE(3)	琳	王木木	GSSY(3)
了	了一丨	BNH(1)	霖	雨木木	FSSY(3)
钌	钅了	QBH	临	丨𠂉、曰	JTYJ(3)
蓼	艹羽人彡	ANWE(3)	邻	米夕匚了	OQAB
潦	氵大丷小	IDUI	嶙	山米夕丨	MOQH(3)
尥	尢乚勹、	DNQY(3)	遴	米夕匚辶	OQAP(3)
料	米冫十	OUFH(3)	辚	车米夕丨	LOQH(2)
			磷	石米夕丨	DOQH(3)

字	拆分	编码	字	拆分	编码
瞵	目米夕丨	HOQH(3)	凌	冫土八夂	UFWT(3)
鳞	鱼一米丨	QGOH(3)	棱	木土八夂	SFWT(3)
麟	广口川丨	YNJH	鲮	鱼一土夂	QGFT
凛	冫亠口小	UYLI(3)	廪	雨口口阝	FKKB(3)
懔	忄亠口小	NYLI(3)	岭	山人丶マ	MWYC
廪	广亠口小	YYLI	领	人丶マ贝	WYCM
檩	木亠口小	SYLI	另	口力	KLB(2)
吝	文口	YKF	令	人丶マ	WYCU
赁	亻丿士贝	WTFM	**拼音（liu）**		
蔺	艹门亻主	AUWY(3)	溜	氵卯田	IQYL
躏	口止艹主	KHAY	熘	火卯田	OQYL
膦	月米夕丨	EOQH(2)	刘	文刂	YJH(2)
拼音（ling）			浏	氵文刂	IYJH
拎	扌人丶マ	RWYC	流	氵亠厶儿	IYCQ(3)
伶	亻人丶マ	WWYC	琉	王亠厶儿	GYCQ(3)
囹	口人丶マ	LWYC	硫	石亠厶儿	DYCQ(3)
柃	木人丶マ	SWYC	旒	方𠂉亠儿	YTYQ
泠	氵人丶マ	IWYC	鎏	氵亠厶金	IYCQ
玲	王人丶マ	GWYC(3)	留	卯丶刀田	QYVL
翎	人丶マ羽	WYCN	骝	马卯田	CQYL
铃	钅人丶マ	QWYC	馏	𠂉乚卯田	QNQL
羚	丷手人マ	UDWC	榴	木卯田	SQYL(2)
蛉	虫人丶マ	JWYC	镏	钅卯田	QQYL
聆	耳人丶マ	BWYC	瘤	疒卯田	UQYL
瓴	人丶マ瓦	WYCN	柳	木卯丿阝	SQTB(3)
龄	止人山マ	HWBC	绺	纟夂卜口	XTHK(3)
零	雨人丶マ	FWYC	瘰	疒王文王	UGY(2)
灵	彐火	VOU(2)	陆	阝二山	BFMH(3)
棂	木彐火	SVOY(3)	碌	石彐水	DVIY(3)
陵	阝土八夂	BFWT(3)	遛	卯丶田辶	QYVP

鹨	羽人彡一	NWEG		陋	阝一冂乚	BGMN(3)
拼音（long）				镂	钅米女	QOVG(3)
龙	尢匕	DXV(2)		瘘	疒米女	UOVD(3)
泷	氵尢匕	IDXN(3)		漏	氵尸雨	INFY
茏	艹尢匕	ADXB(3)		露	雨口止口	FKHK
咙	口尢匕	KDXN(3)		**拼音（lu）**		
珑	王尢匕	GDXN(3)		卢	卜尸	HNE(2)
栊	木尢匕	SDXN(3)		泸	氵卜尸	IHNT(3)
胧	月尢匕	EDXN(3)		垆	土卜尸	FHNT
砻	尢匕石	DXDF(3)		栌	木卜尸	SHNT
聋	尢匕耳	DXBF(3)		胪	月卜尸	EHNT
隆	阝夂一丰	BTGG(3)		鸬	卜尸勹一	HNQG(3)
窿	穴八阝丰	PWBG(3)		舻	丿舟卜尸	TEHN(3)
癃	疒阝夂丰	UBTG		鲈	鱼一卜尸	QGHN
陇	阝尢匕	BDXN(3)		芦	艹丶尸	AYNR
垄	尢匕土	DXFF(3)		庐	广丶尸	YYNE
拢	扌尢匕	RDXN(3)		炉	火丶尸	OYNT(3)
笼	竹尢匕	TDXB(3)		卤	卜口乂	HLQI(2)
拼音（lou）				虏	广七力	HALV
娄	米女	OVF(2)		掳	扌广七力	RHAL(3)
偻	亻米女	WOVG(3)		鲁	鱼一日	QGJF(3)
喽	口米女	KOVG(3)		橹	木鱼一日	SQGJ(3)
蒌	艹米女	AOVF(3)		氇	丿二乙日	TFNJ
楼	木米女	SOVG(3)		镥	钅鱼一日	QQGJ(3)
蝼	虫米女	JOVG(3)		录	彐水	VIU(2)
耧	三小米女	DIOV(3)		渌	氵彐水	IVIY(3)
髅	骨米女	MEOV(3)		逯	彐水辶	VIPI
嵝	山米女	MOVG(3)		禄	礻丶彐水	PYVI(3)
篓	竹米女	TOVF(3)		碌	石彐水	DVIY(3)
搂	扌米女	ROVG(2)		辂	车夂口	LTKG

赂	贝夂口	MTKG(3)		拼音（luan）		
路	口止夂口	KHTK(3)	乱	丿古乚	TDNN(3)
潞	氵口止口	IKHK	李	亠小子	YOBF(3)
璐	王口止口	GKHK	峦	亠小山	YOMJ(3)
鹭	口止夂一	KHTG	娈	亠小女	YOVF(3)
鹿	广コ刂匕	YNJX(3)	挛	亠小手	YORJ(3)
漉	氵广コ匕	IYNX	鸾	亠小勹一	YOQG(3)
辘	车广コ匕	LYNX(3)	脔	亠小冂人	YOMW
簏	竹广コ匕	TYNX	滦	氵亠小木	IYOS
麓	木木广匕	SSYX	銮	亠小金	YOQF
戮	羽人彡戈	NWEA(3)	卵	𠂉丶丿	QYTY(3)
	拼音（lü）			拼音（lüe）	
驴	马、尸	CYNT(3)	掠	扌亠小	RYIY
闾	门口口	UKKD	略	田夂口	LTKG(3)
榈	木门口口	SUKK(3)		拼音（lun）	
率	亠幺八十	YXIF(2)	仑	人匕	WXB
吕	口口	KK	伦	亻人匕	WWXN(3)
侣	亻口口	WKKG(3)	沦	氵人匕	IWXN(3)
铝	钅口口	QKKG(3)	抡	扌人匕	RWXN(3)
捋	扌爫寸	REFY	囵	囗人匕	LWXV
旅	方𠂉氏	YTEY	纶	纟人匕	XWXN(3)
膂	方𠂉氏月	YTEE	轮	车人匕	LWXN(3)
屡	尸米女	NOVD(3)	论	讠人匕	YWXN(3)
缕	纟米女	XOVG(3)		拼音（luo）	
褛	衤米女	PUOV(3)	罗	罒夕	LQU(2)
履	尸彳冖夂	NTTT(3)	逻	罒夕辶	LQPI(3)
律	彳彐二	TVFH	萝	艹罒夕	ALQU(3)
虑	虍七心	HANI(3)	猡	犭罒夕	QTLQ
绿	纟彐氺	XVIY(2)	椤	木罒夕	SLQY(3)
氯	𠂉乁彐氺	RNVI(3)			

汉字	五笔字根	字母
锣	钅四夕	QLQY(3)
箩	竹四夕	TLQU(3)
腡	月口冂人	EKMW(3)
骡	马田幺小	CLXI(3)
螺	虫田幺小	JLXI(3)
倮	亻日木	WJSY(3)
裸	衤日木	PUJS
瘰	疒田幺小	ULXI(3)
蠃	亠乚口丶	YNKY
泺	氵乐小	IQIY(3)
荦	艹冖𠂇丨	APRH(3)
洛	氵夂口	ITKG(3)
骆	马夂口	CTKG(3)
珞	王夂口	GTKG(3)
落	艹氵夂口	AITK(3)
雒	夂口亻圭	TKWY
漯	氵田幺小	ILXI(3)
摞	扌田幺小	RLXI(3)

M

拼音(ma)		
汉字	五笔字根	字母
妈	女马	VCG(2)
蚂	虫马	JCG
抹	扌一木	RGSY(3)
摩	广木木手	YSSR
嬷	女广木么	VYSC(3)
麻	广木木	YSSI(3)

蟆	虫艹日大	JAJD
马	马𠃍𠃌一	CNNG(2)
犸	犭丿马	QTCG
吗	口马	KCG
玛	王马	GCG
码	石马	DCG
骂	口口马	KKCF(3)
嘛	口广木木	KYSS(2)
拼音(mai)		
埋	土曰土	FJFG(3)
霾	雨四豸土	FEEF
买	乛丶大	NUDU
荬	艹乛丶大	ANUD
劢	丆冂力	DNLN(3)
迈	丆冂辶	DNPV(3)
麦	丰夂	GTU
卖	十乛丶大	FNUD
脉	月丶乙八	EYNI
拼音(man)		
颟	艹一冂贝	AGMM
蛮	亠小虫	YOJU(3)
谩	讠日四又	YJLC(3)
蔓	艹日四又	AJLC(3)
馒	饣𠃍日又	QNJC
鳗	鱼一日又	QGJC
瞒	目艹一人	HAGW
满	氵艹一人	IAGW
螨	虫艹一人	JAGW
曼	日四又	JLCU(3)
漫	氵日四又	IJLC

字	拆分	编码	字	拆分	编码
慢	忄日罒又	NJLC(2)	卯	匚丿卩	QTBH
墁	土日罒又	FJLC(3)	泖	氵匚丿卩	IQTB(3)
幔	冂丨日又	MHJC	峁	山匚丿卩	MQTB(3)
缦	纟日罒又	XJLC(3)	昴	日匚丿卩	JQTB(3)
熳	火日罒又	OJLC(3)	铆	钅匚丿卩	QQTB(3)
镘	钅日罒又	QJLC(3)	茂	艹厂乀丿	ADNT(3)
鞔	艹中久儿	AFQQ	冒	冃目	JHF(3)
拼音(mang)			瑁	王日目	GJHG
邙	亠乚阝	YNBH(3)	贸	卬、刀贝	QYVM(3)
忙	忄亠乚	NYNN	耄	土丿匕乚	FTXN
芒	艹亠乚	AYNB(3)	瞀	矛攵目	CBTH
盲	亠乚目	YNHF(3)	懋	木矛攵心	SCBN
氓	亠乚尸七	YNNA	貌	豸白儿	EERQ
茫	艹氵亠乚	AIYN(3)	**拼音(me)**		
硭	石艹亠乚	DAYN(3)	么	丿厶	TCU
莽	艹犬艹	ADAJ(3)	**拼音(mei)**		
蟒	虫艹犬艹	JADA	没	氵几又	IMCY(2)
拼音(mao)			玫	王攵	GTY(2)
猫	犭丿艹田	QTAL	枚	木攵	STY
毛	丿二乚	TFNV(3)	眉	尸丨目	NHD
牦	丿扌丿乚	TRTN	湄	氵尸丨目	INHG(3)
旄	方亠丿乚	YTTN	嵋	山尸丨目	MNHG(3)
髦	镸彡丿乚	DETN	楣	木尸丨目	SNHG(3)
矛	龴マ丿	CBTR	鹛	尸丨目一	NHQG(3)
茅	艹マ丿	ACBT	镅	钅尸丨目	QNHG(3)
蝥	マ丿虫	CBTJ	莓	艹人母	ATXU(3)
蟊	マ丿虫	CBTJ	梅	木人母	STXU(3)
茆	艹匚丿卩	AQTB	酶	酉一人母	SGTU
锚	钅艹田	QALG(3)	霉	雨人母	FTXU

字	拆分	编码	字	拆分	编码
媒	女廿二木	VAFS(3)	猛	犭子皿	QTBL
煤	火廿二木	OAFS(2)	锰	钅子皿	QBLG(3)
糜	广木木米	YSSO	蜢	虫子皿	JBLG(3)
每	𠂉冂一丶	TXGU(3)	艋	丿舟子皿	TEBL
美	䒑王大	UGDU	懵	忄廿四目	NALH(3)
镁	钅䒑王大	QUGD(3)	孟	子皿	BLF
浼	氵⺈口儿	IQKQ(3)	梦	木木夕	SSQU(3)
妹	女二小	VFIY(3)	**拼音(mi)**		
昧	日二小	JFIY(3)	咪	口米	KOY
寐	宀乚丨小	PNHI	眯	目米	HO
魅	白儿厶小	RQCI	弥	弓⺈小	XQIY(3)
袂	丶⺀冂人	PUNW(3)	祢	礻⺈小	PYQI(3)
媚	女尸丨目	VNHG(3)	猕	犭⺈弓小	QTXI
拼音(men)			迷	米辶	OP
门	门	UYHN(3)	谜	讠米辶	YOPY
们	亻门	WUN(3)	醚	西一米辶	SGOP(3)
扪	扌门	RUN	縻	广木木小	YSSI
钔	钅门	QUN	靡	广木木三	YSSD
闷	门心	UNI	蘼	廿广木三	AYSD
焖	火门心	OUNY(3)	麋	广彐川米	YNJO
懑	氵廿一心	IAGN	米	米丶丿八	OYTY(3)
拼音(meng)			敉	米攵	OTY
萌	廿日月	AJEF(3)	脒	月米	EOY
盟	日月皿	JELF(3)	弭	弓耳	XBG
蒙	廿冖一豕	APGE(3)	觅	爫冂儿	EMQB(3)
檬	木廿冖豕	SAPE(3)	泌	氵心丿	INTT(3)
蠓	虫廿冖豕	JAPE(3)	秘	禾心丿	TNT
朦	月廿冖豕	EAPE(3)	谧	讠心丿皿	YNTL
薨	廿四冖乙	ALPN	密	宀心丿山	PNTM(3)
勐	子皿力	BLLN(3)	蜜	宀心丿虫	PNTJ(3)

嘧	口宀心山	KPNM(3)		缪	纟羽人彡	XNWE(3)
幂	冖曰大丨	PJDH(3)		淼	水水水	IIIU
拼音(mian)				**拼音(mie)**		
眠	目尸匕	HNAN(3)		灭	一火	GOI
绵	纟白门丨	XRMH(2)		蔑	艹四厂丿	ALDT
棉	木白门丨	SRMH(3)		篾	竹四厂丿	TLDT
免	勹口儿	QKQB(3)		蠛	虫艹四丿	JALT(3)
勉	勹口儿力	QKQL		乜	㇆乚	NNV
娩	女勹口儿	VQKQ(3)		**拼音(min)**		
冕	曰勹口儿	JQKQ		民	尸匕	NAV(1)
湎	氵丆门三	IDMD(3)		苠	艹尸匕	ANAB(3)
缅	纟丆门三	XDMD		岷	山尸匕	MNAN(3)
腼	月丆门三	EDMD		珉	王尸匕	GNAN(3)
渑	氵口曰乚	IKJN(3)		缗	纟尸匕曰	XNAJ(3)
面	丆门刂三	DMJD(2)		皿	皿丨冂一	LHNG(3)
拼音(miao)				闵	门文	UYI
喵	口艹田	KALG(3)		悯	忄门文	NUYY(3)
苗	艹田	ALF		闽	门虫	UJI
描	扌艹田	RALG(3)		黾	口曰乚	KJNB(3)
瞄	目艹田	HALG(3)		泯	氵尸匕	INAN(3)
鹋	艹田勹一	ALQG		抿	扌尸匕	RNAN(3)
杪	木小丿	SITT(3)		愍	尸匕攵心	NATN
秒	禾小丿	TITT(3)		敏	𠂉母攵	TXGT
眇	目小丿	HITT(3)		鳘	𠂉母一	TXGG
渺	氵目小丿	IHIT		**拼音(ming)**		
缈	纟目小丿	XHIT(3)		名	夕口	QK
藐	艹豸儿	AEEQ(3)		铭	钅夕口	QQKG(3)
邈	㲋白辶	EERP		明	日月	JE
妙	女小丿	VITT(3)		鸣	口勹丶一	KQYG(3)
庙	广由	YMD		冥	冖日六	PJUU(3)

汉字	字根	编码	汉字	字根	编码
溟	氵冖日六	IPJU	漠	氵廿日大	IAJD(3)
螟	虫冖日六	JPJU	蓦	廿日大马	AJDC
瞑	目冖日六	HPJU(3)	瘼	疒廿日大	UAJD
暝	日冖日六	JPJU(3)	貘	豸廿大	EEAD(3)
酩	西一夕口	SGQK	墨	黑土灬土	LFOF
茗	廿夕口	AQKF	默	黑土灬犬	LFOD
命	人一口卩	WGKB	拼音(mou)		
拼音(miu)			哞	口厶𠂉丨	KCRH(3)
谬	讠羽人彡	YNWE	牟	厶𠂉丨	CRHJ(3)
缪	纟羽人彡	XNWE	侔	亻厶𠂉丨	WCRH(3)
拼音(mo)			眸	目厶𠂉丨	HCRH(3)
摸	扌廿日大	RAJD	蛑	虫厶𠂉丨	JCRH(3)
谟	讠廿日大	YAJD(3)	谋	讠廿二木	YAFS(3)
馍	饣廿大	QNAD	某	廿二木	AFSU(3)
模	木廿日大	SAJD(3)	拼音(mu)		
摹	廿日大手	AJDR	母	囗一丶	XGUI(3)
膜	月廿日大	EAJD	拇	扌囗一丶	RXGU(3)
磨	广木木石	YSSD	亩	亠田	YLF
蘑	廿广木石	AYSD(3)	牡	丿扌土	TRFG
魔	广木木ㄙ	YSSC	木	木	SSSS
末	一木	GSI(2)	沐	氵木	ISY(3)
沫	氵一木	IGSY(3)	目	目目目目	HHHH
抹	扌一木	RGSY(3)	苜	廿止	AHF
茉	廿一木	AGSU(3)	钼	钅目	QHG
秣	禾一木	TGSY(3)	牧	丿扌攵	TRTY(3)
殁	一夕几又	GQMC	募	廿日大力	AJDL
陌	阝丆日	BDJG(3)	幕	廿日大丨	AJDH
貊	豸丆日	EEDJ(3)	墓	廿日大土	AJDF
莫	廿日大	AJDU(3)	暮	廿日大日	AJDJ
寞	宀廿日大	PAJD(3)	慕	廿日大乙	AJDN

附　录

汉字	五笔字根	字母
睦	目土八土	HFWF(2)
穆	禾白小彡	TRIE(3)

N

拼音（n）

汉字	五笔字根	字母
嗯	口口大心	KLDN(3)

拼音（na）

拿	人一口手	WGKR
镎	钅人一手	QWGR
哪	口刀二阝	KVFB(3)
那	刀二阝	VFBH(3)
娜	女刀二阝	VVFB(3)
呐	口冂人	KMWY(3)
纳	纟冂人	XMWY(3)
肭	月冂人	EMWY(3)
钠	钅冂人	QMWY(3)
衲	衤冂人	PUMW
捺	扌大二小	RDFI

拼音(nai)

乃	乃丿丿	ETN
艿	艹乃	AEB
奶	女乃	VE
氖	𠂉气乃	RNEB(3)
奈	大二小	DFIU(3)
萘	艹大二小	ADFI
柰	木二小	SFIU
耐	而冂丨寸	DMJF
鼐	乃目匕丅	EHNN(3)

拼音（nan）

男	田力	LLB(2)
南	十冂䒑十	FMUF(3)
喃	口十冂十	KFMF(3)
楠	木十冂十	SFMF(3)
难	又亻圭	CWYG(2)
赧	土小阝又	FOBC(3)
蝻	虫十冂十	JFMF(3)

拼音（nang）

囊	一口丨𧘇	GKHE(3)
曩	日一口𧘇	JYKE(3)
攮	扌一口𧘇	RGKE

拼音（nao）

孬	一小女子	GIVB(3)
呶	口女又	KVCY(3)
挠	扌七丿儿	RATQ
铙	钅七丿儿	QATQ(3)
猱	犭丿マ木	QTCS
恼	忄文凵	NYBH(3)
脑	月文凵	EYBH(3)
瑙	王巛丿乂	GVTQ
闹	门亠门丨	UYMH(3)
淖	氵卜日十	IHJH(3)

拼音（nei）

馁	⺈乊爫女	QNEV(3)
内	冂人	MWI(2)

拼音（nen）

恁	亻丿士心	WTFN
嫩	女一口攵	VGKT(3)

拼音（neng）		
能	厶月匕匕	CEXX(2)

拼音（ni）		
妮	女尸匕	VNXN(3)
尼	尸匕	NXV(2)
泥	氵尸匕	INXN(3)
怩	忄尸匕	NNXN(3)
铌	钅尸匕	QNXN(3)
倪	亻臼儿	WVQN(3)
猊	犭臼儿	QTVQ
霓	雨臼儿	FVQB(3)
鲵	鱼一臼儿	QGVQ
你	亻夂小	WQIY(2)
拟	扌乀人	RNYW(3)
旎	方𠂉尸匕	YTNX
昵	日尸匕	JNXN(3)
逆	䒑山丿辶	UBTP(3)
匿	匚廿𠂉口	AADK
睨	目臼儿	HVQN(3)
溺	氵弓丷丷	IXUU(3)
腻	月弋二贝	EAFM(3)

拼音（nian）		
拈	扌卜口	RHKG
蔫	廿一止灬	AGHO
年	𠂉丨十	RHFK(2)
鲇	鱼一卜口	QGHK
捻	扌人丶心	RWYN
辇	二人二车	FWFL
撵	扌二人车	RFWL
碾	石尸⺎衣	DNAE(3)

念	人丶乛心	WYNN
埝	土人丶心	FWYN

拼音（niang）		
娘	女丶彐𧘇	VYVE(3)
酿	酉一丶𧘇	SGYE

拼音（niao）		
鸟	勹丶勹一	QYNG
茑	艹勹丶一	AQYG
袅	勹丶勹衣	QYNE
嬲	田力女力	LLVL(3)
尿	尸水	NII
脲	月尸水	ENIY(3)

拼音（nie）		
捏	扌日土	RJFG
陧	阝日土	BJFG(3)
涅	氵日土	IJFG
臬	丿目木	THSU(3)
镍	钅丿目木	QTHS(3)
聂	耳又又	BCCU(3)
嗫	口耳又又	KBCC(3)
镊	钅耳又又	QBCC(3)
颞	耳又又贝	BCCM
蹑	口止耳又	KHBC(3)
啮	口止人凵	KHWB
孽	廿亻㇇子	AWNB
蘖	廿亻㇇木	AWNS

拼音（nin）		
您	亻夂小心	WQIN

拼音（ning）		
宁	宀丁	PSJ(2)

汉字	五笔字根	字母
拧	扌宀丁	RPSH(3)
咛	口宀丁	KPSH(3)
狞	犭丿宀丁	QTPS(3)
柠	木宀丁	SPSH(3)
聍	耳宀丁	BPSH(3)
凝	冫匕𠂉疋	UXTH(3)
泞	氵宀丁	IPSH(3)
佞	亻二女	WFVG(3)

拼音（niu）

汉字	五笔字根	字母
妞	女𠃍土	VNFG(3)
牛	𠂒丨	RHK
忸	忄𠃍土	NNFG(3)
扭	扌𠃍土	RNFG(3)
狃	犭丿𠃍土	QTNF
纽	纟𠃍土	XNFG(3)
钮	钅𠃍土	QNFG(3)
拗	扌幺力	RXLN(3)

拼音（nong）

汉字	五笔字根	字母
农	冖𧘇	PEI
侬	亻冖𧘇	WPEY(3)
哝	口冖𧘇	KPEY(3)
浓	氵冖𧘇	IPEY(3)
脓	月冖𧘇	EPEY(3)
弄	王廾	GAJ(3)

拼音（nou）

汉字	五笔字根	字母
耨	三小厂寸	DIDF(3)

拼音（nu）

汉字	五笔字根	字母
奴	女又	VCY
孥	女又子	VCBF
驽	女又马	VCCF(3)
努	女又力	VCLB(3)
弩	女又弓	VCXB(3)
胬	女又门人	VCMW
怒	女又心	VCNU(3)

拼音（nü）

汉字	五笔字根	字母
女	女	VVVV(3)
钕	丿皿𠃍土	TLNF
恧	丆冂丨丨心	DMJN

拼音（nuan）

汉字	五笔字根	字母
暖	日爫二又	JEFC(3)

拼音（nüe）

汉字	五笔字根	字母
疟	疒匚一	UAGD
虐	虍七匚一	HAAG

拼音（nuo）

汉字	五笔字根	字母
挪	扌刀二阝	RVFB(3)
傩	亻又亻圭	WCWY
诺	讠艹𠂇口	YADK(3)
喏	口艹𠂇口	KADK
锘	钅艹𠂇口	QADK(3)
搦	扌弓冫冫	RXUU(3)
懦	忄雨丆丨	NFDJ
糯	米雨丆丨	OFDJ(3)

O

拼音（o）

汉字	五笔字根	字母
哦	口丿扌丿	KTRT(3)

汉字	五笔字根	字母
噢	口丿冂大	KTMD
拼音（ou）		
区	匚乂	AQ
讴	讠匚乂	YAQY(3)
沤	氵匚乂	IAQY(3)
欧	匚乂𠂉人	AQQW(3)
殴	匚乂几又	AQMC(3)
瓯	匚乂一乚	AQGN
鸥	匚乂勹一	AQQG
偶	亻曰冂丶	WJMY(3)
耦	三小曰丶	DIJY(3)
藕	艹三小丶	ADIY
怄	忄匚乂	NAQY(3)

P

拼音（pa）		
汉字	五笔字根	字母
啪	口扌白	KRRG(3)
趴	口止八	KHWY(3)
葩	艹白巴	ARCB(3)
爬	厂丨八巴	RHYC
杷	木巴	SCN
筢	𥫗扌巴	TRCB(3)
帕	冂丨白	MHRG(3)
怕	忄白	NRG(23)
琶	王王巴	GGCB(3)
拼音（pai）		
拍	扌白	RRG
排	扌三川三	RDJD(3)
牌	丿丨一十	THGF
徘	彳三川三	TDJD
俳	亻三川三	WDJD
湃	氵手三十	IRDF(3)
派	氵厂𫞗	IREY(3)
蒎	艹氵厂𫞗	AIRE(3)
哌	口厂𫞗	KREY(3)
拼音（pan）		
攀	木乂乂手	SQQR(3)
潘	氵丿米田	ITOL
盘	丿舟皿	TELF(3)
磐	丿舟几石	TEMD
爿	乚丨丁	NHDE
蟠	虫丿米田	JTOL
蹒	口止艹人	KHAW
盼	目八刀	HWVN(3)
畔	田丷十	LUFH(3)
判	丷𠂊刂	UDJH
叛	丷𠂊厂又	UDRC
泮	氵丷十	IUFH(3)
袢	衤丷十	PUUF(3)
襻	衤木手	PUSR
拼音（pang）		
庞	广尢匕	YDXV(3)
旁	立冖方	UPYB(3)
耪	三小立方	DIUY
彷	彳方	TYN
逄	夂キ辶	TAHP(3)
螃	虫立方	JUPY(3)
乓	斤一	RGYU(3)

胖	月䒑十	EUFH(3)		陂	冂丨广又	MHHC
滂	氵䒑厂方	IUPY(3)		旆	方𠂉一丨	YTGH(3)
拼音（pao）				霈	雨氵一丨	FIGH(3)
抛	扌九力	RVLN(3)		**拼音（pen）**		
脬	月爫子	EEBG(3)		喷	口十廾贝	KFAM(3)
咆	口勹巳	KQNN(3)		盆	八刀皿	WVLF(3)
刨	勹巳刂	QNJH		溢	氵八刀皿	IWVL
袍	衤丶勹巳	PUQN(3)		**拼音（peng）**		
匏	大二勹巳	DFNN		砰	石一䒑丨	DGUH(3)
狍	犭丿勹巳	QTQN		抨	扌一䒑丨	RGUH
庖	广勹巳	YQNV(3)		烹	亠了灬	YBOU(3)
跑	口止勹巳	KHQN(3)		嘭	口士口彡	KFKE
炮	火勹巳	OQNN(2)		怦	忄一䒑丨	NGUH
泡	氵勹巳	IQNN(3)		澎	氵士口彡	IFKE
疱	疒勹巳	UQNV(3)		彭	士口䒑彡	FKUE
拼音（pei）				蓬	艹夂三辶	ATDP
呸	口一小一	KGIG(3)		棚	木月月	SEEG(3)
醅	西一立口	SGUK		硼	石月月	DEEG(3)
裴	三川三衣	DJDE		篷	竹夂三辶	TTDP
培	土立口	FUKG(3)		膨	月士口彡	EFKE(3)
赔	贝立口	MUKG(3)		朋	月月	EEG(23)
陪	阝立口	BUKG(3)		鹏	月月勹一	EEQG(3)
蓓	艹亻立口	AWUK		堋	土月月	FEEG(3)
锫	钅立口	QUKG		膨	月士口又	EFKC
胚	月一小一	EGIG(3)		蟛	虫士口彡	JFKE
苤	艹一小一	AGIG(3)		捧	扌三人丨	RDWH(3)
配	西一己	SGNN(3)		碰	石䒑䒠一	DUOG(3)
佩	亻几一丨	WMGH(3)		**拼音（pi）**		
沛	氵一冂丨	IGMH		坯	土一小一	FGIG
辔	纟车纟口	XLXK(3)		批	扌⺊匕	RXXN(2)

披	扌广又	RHCY(3)		癖	疒尸口辛	UNKU(3)
劈	尸口辛刀	NKUV		僻	亻尸口辛	WNKU(3)
丕	一小一	GIGF		屁	尸𠤎匕	NXXV(3)
邳	一小一阝	GIGB(3)		譬	尸口辛言	NKUY
噼	口尸口辛	KNKU(3)		媲	女丿口匕	VTLX(3)
纰	纟𠤎匕	XXXN		甓	尸口辛乙	NKUN
砒	石𠤎匕	DXXN(3)		睥	目白丿十	HRTF(3)
霹	雨尸口辛	FNKU(3)		**拼音（pian）**		
琵	王王𠤎匕	GGXX(3)		篇	𥫗、尸廾	TYNA
毗	田𠤎匕	LXXN(3)		偏	亻、尸廾	WYNA
啤	口白丿十	KRTF(3)		犏	丿扌、廾	TRYA
脾	月白丿十	ERTF(3)		翩	、尸门羽	YNMN
疲	疒广又	UHCI(3)		骈	马丷廾	CUAH(3)
皮	广又	HCI(23)		胼	月丷廾	EUAH(3)
陴	阝白丿十	BRTF(3)		蹁	口止、廾	KHYA
郫	白丿十阝	RTFB		谝	讠、尸廾	YYNA
埤	土白丿十	FRTF(3)		片	丿丨一丿	THGN(3)
鼙	士口䒑十	FKUF		骗	马、尸廾	CYNA
枇	木𠤎匕	SXXN		**拼音（piao）**		
罴	罒土厶灬	LFCO		剽	西二小乂	SFIQ
铍	钅广又	QHCY(3)		漂	氵西二小	ISFI(3)
蚍	虫𠤎匕	JXXN		瓢	西二小八	SFIY
蜱	虫白丿十	JRTF(3)		剽	西二小刂	SFIJ
貔	⺤𠃍匕	EETX		缥	纟西二小	XSFI(3)
匹	匚儿	AQV		螵	虫西二小	JSFI(3)
痞	疒一小口	UGIK(3)		嫖	女西二小	VSFI(3)
仳	亻𠤎匕	WXXN(3)		殍	一夕爫子	GQEB
圮	土己	FNN		瞟	目西二小	HSFI(3)
擗	扌尸口辛	RNKU		票	西二小	SFIU
庀	广匕	YXV				

嘌	口西二小	KSFI(3)		鲆	鱼一一丨	QGGH(3)
拼音（pie）				**拼音（po）**		
氕	一气丿	RNTR		叵	匚口	AKD
撇	扌丷冂攵	RUMT		坡	土广又	FHCY(3)
瞥	丷冂小目	UMIH		泼	氵乚丿	INTY
拼音（pin）				颇	广又丆贝	HCDM(3)
拼	扌丷廾	RUAH(3)		陂	阝广又	BHCY(3)
拚	扌厶廾	RCAH(3)		钋	钅卜	QHY
姘	女丷廾	VUAH(3)		婆	氵广又女	IHCV
频	止少丆贝	HIDM(3)		鄱	丿米田阝	TOLB
贫	八刀贝	WVMU(3)		皤	白丿米田	RTOL
嫔	女宀斤八	VPRW(3)		钷	钅匚口	QAKG(3)
颦	止少丆十	HIDF		笸	竹匚口	TAKF
品	口口口	KKKF(3)		破	石广又	DHCY(3)
榀	木口口口	SKKK(3)		魄	白白儿厶	RRQC
聘	耳由一勹	BMGN(3)		迫	白辶	RPD
俜	亻由一勹	WMGN		粕	米白	ORG
牝	丿扌匕	TRXN(3)		珀	王白	GRG
拼音（ping）				**拼音（pou）**		
乒	斤一丿	RGTR(3)		剖	立口刂	UKJH(3)
娉	女由一勹	VMGN		裒	亠白衣	YVEU
坪	土一丷丨	FGUH(3)		掊	扌立口	RUKG(3)
苹	艹一丷丨	AGUH(3)		**拼音（pu）**		
萍	艹氵一丨	AIGH(3)		扑	扌卜	RHY
平	一丷丨	GUHK(2)		噗	口业一八	KOGY(3)
凭	亻丿士几	WTFM		仆	亻卜	WHY
瓶	丷廾一乙	UAGN(3)		葡	艹勹一丶	AQGY(3)
评	讠一丷丨	YGUH(3)		菩	艹立口	AUKF(3)
屏	尸丷廾	NUAK(3)		蒲	艹氵一丶	AIGY
枰	木一丷丨	SGUH(3)		匍	勹一月丶	QGEY

汉字	五笔字根	字母
璞	王业一丶	GOGY
镤	钅业一丶	QOGY(3)
莆	艹一月丶	AGEY(3)
埔	土一月丶	FGEY
朴	木卜	SHY
圃	囗一月丶	LGEY
普	丷业一日	UOGJ(2)
浦	氵一月丶	IGEY(3)
谱	讠丷业日	YUOJ(3)
濮	氵亻业ㄨ	IWOY(3)
镨	丿二乚日	TFNJ
镨	钅丷业日	QUOJ(3)
蹼	口止业ㄨ	KHOY(3)
铺	钅一月丶	QGEY(3)
曝	日曰艹水	JJAI(3)
瀑	氵曰艹水	IJAI(3)

Q

拼音（qi）		
汉字	五笔字根	字母
期	艹三八月	ADWE
欺	艹三八人	ADWW
栖	木西	SSG
戚	厂上小丿	DHIT(3)
妻	一彐女	GVHV(23)
七	七一乚	AGN(2)
凄	冫一彐女	UGVV
漆	氵木人水	ISWI(3)
柒	氵七木	IASU(3)

汉字	五笔字根	字母
沏	氵七刀	IAVN(3)
萋	艹一彐女	AGVV(3)
嘁	口厂上丿	KDHT
桤	木山己	SMNN
蹊	口止爫大	KHED
其	艹三八	ADWU(3)
棋	木艹三八	SADW(3)
奇	大丁口	DSKF
歧	止十又	HFCY(3)
畦	田土土	LFFG(3)
崎	山大丁口	MDSK(3)
脐	月文刂	EYJH(3)
齐	文刂	YJJ
旗	方𠂉艹八	YTAW(3)
祁	礻丶阝	PYBH(3)
骑	马大丁口	CDSK(3)
亓	二刂	FJJ
圻	土斤	FRH
芪	艹匚七	AQAB(3)
萁	艹艹三八	AADW
蕲	艹丷日斤	AUJR
岐	山十又	MFCY(3)
淇	氵艹三八	IADW
骐	马艹三八	CADW
琪	王艹三八	GADW
琦	王大丁口	GDSK(3)
耆	土丿匕日	FTXJ
祺	礻丶艹八	PYAW(3)
颀	斤丆贝	RDMY(3)
蛴	虫文刂	JYJH(3)

蚑	虫卄三八	JADW(3)		**拼音（qia）**		
萘	卄三八小	ADWI	掐	扌ㄅ臼	RQVG(3)
鳍	鱼一土日	QGFJ	葜	卄三丨大	ADHD
祈	礻丶斤	PYRH(3)	袷	礻丶人口	PUWK
麒	广口‖八	YNJW	恰	丶忄人一口	NWGK
起	土止己	FHNV(3)	洽	氵人一口	IWGK(3)
岂	山己	MNB(2)	髂	骨月宀口	MEPK(3)
乞	𠂉乙	TNB		**拼音（qian）**		
企	人止	WHF	牵	大冖𠄌丨	DPRH
启	丶尸口	YNKD(3)	扦	扌ノ十	RTFH(3)
芑	卄己	ANB	钎	钅ノ十	QTFH(3)
屺	山己	MNN	铅	钅几口	QMKG(3)
杞	木己	SNN	千	ノ十	TFK
欹	大丁口人	DSKW	迁	ノ十辶	TFPK(3)
綮	丶尸攵小	YNTI	签	𥫗人一䒑	TWGI
契	三丨刀大	DHVD(3)	仟	亻ノ十	WTFH
砌	石七刀	DAVN(3)	谦	讠䒑ヨ丷	YUVO(3)
器	口口犬口	KKDK(3)	佥	人一䒑	WGIF
气	𠂉乙	RNB	阡	阝ノ十	BTFH(3)
迄	𠂉乙辶	TNPV(3)	芊	卄ノ十	ATFJ(3)
弃	亠厶卄	YCAJ(3)	岍	山一廾	MGAH
汽	氵𠂉乙	IRNN(3)	悭	忄‖又土	NJCF
泣	氵立	IUG	骞	宀二‖马	PFJC
讫	讠𠂉乙	YTNN	搴	宀二‖手	PFJR
葺	卄口耳	AKBF(3)	褰	宀二‖衣	PFJE
汔	氵𠂉乙	ITNN(3)	愆	彳氵二心	TIFN
洭	氵田一丨	ILGJ(3)	乾	十早𠂉乙	FJTN(3)
槭	木厂上丿	SDHT	黔	罒土灬	LFON
憩	丿古丿心	TDTN	钱	钅戋	QGT(2)
碛	石龷贝	DGMY(3)	钳	钅卄二	QAFG(3)

前	丷月刂	UEJJ(2)	呛	口人巳	KWBN(3)
掮	扌丶尸月	RYNE	墙	土十丷口	FFUK
钤	钅人丶一	QWYN	嫱	女十丷口	VFUK
虔	卢七文	HAYI(3)	樯	木十丷口	SFUK(3)
箝	竹扌廿二	TRAF	蔷	廾十丷口	AFUK(3)
潜	氵二人日	IFWJ(3)	强	弓口虫	XKJY(2)
荨	廾彐寸	AVFU(3)	抢	扌人巳	RWBN(3)
遣	口丨一辶	KHGP	炝	火人巳	OWBN(3)
浅	氵戋	IGT	襁	衤丶弓虫	PUXJ(3)
谴	讠口丨辶	YKHP	羟	丷手又工	UDCA
缱	纟口丨辶	XKHP	戗	人巳戈	WBAT(3)
肷	月欠人	EQWY(3)	**拼音（qiao）**		
堑	车斤土	LRFF(3)	橇	木丿二乚	STFN(3)
嵌	山廿二人	MAFW	锹	钅禾火	QTOY(3)
欠	夕人	QWU(2)	敲	高门口又	YMKC
歉	丷彐ハ人	UVOW	悄	忄丷月	NIEG(2)
倩	亻青月	WGEG	劁	亻隹灬刂	WYOJ
茜	廾夕人	AQWU(3)	缲	纟口口木	XKKS(3)
慊	忄丷彐ハ	NUVO	硗	石七丿儿	DATQ(3)
椠	车斤木	LRSU(3)	跷	口止七儿	KHAQ
拼音（qiang）			桥	木丿大刂	STDJ(3)
枪	木人巳	SWBN(3)	瞧	目亻隹灬	HWYO(3)
腔	月宀八工	EPWA(3)	乔	丿大刂	TDJJ(3)
羌	丷手乚	UDNB	侨	亻丿大刂	WTDJ(3)
戕	丬丨一戈	NHDA	谯	讠亻隹灬	YWYO
锖	钅青月	QGEG	荞	廾丿大刂	ATDJ
锵	钅丬夕寸	QUQF	峤	山丿大刂	MTDJ
镪	钅弓口虫	QXKJ(3)	憔	忄亻隹灬	NWYO
蜣	虫丷手乚	JUDN	樵	木亻隹灬	SWYO
跄	口止人巳	KHWB	巧	工一勹	AGNN

附　录

愀	忄禾火	NTOY(3)	擒	扌人文厶	RWYC
鞘	廿т丷月	AFIE	禽	人文凵厶	WYBC(3)
撬	扌丿二乚	RTFN	芩	艹人丶一	AWYN
翘	弋丿一羽	ATGN	噙	口三人禾	KDWT
峭	山丷月	MIEG(2)	噙	口人文厶	KWYC
俏	亻丷月	WIEG(3)	溱	氵三人禾	IDWT(3)
窍	宀八工刀	PWAN	檎	木人文厶	SWYC
诮	讠丷月	YIEG(3)	蠄	虫三人禾	JDWT
鞒	廿т丿儿	AFTJ	寝	宀丬彐又	PUVC
拼音（qie）			锓	钅彐冖又	QVPC(3)
切	七刀	AVN(2)	沁	氵心	INY(2)
茄	艹力口	ALKF	撳	扌钅欠人	RQQW(3)
且	月一	EGD(2)	吣	口心	KNY
怯	忄土厶	NFCY	衾	人丶一衣	WYNE
窃	宀八七刀	PWAV	拼音（qing）		
郄	乂ナ阝	QDCB(3)	青	龶月	GEF
惬	忄匚一人	NAGW(3)	轻	车スエ	LCAG(23)
妾	立女	UVF	氢	𠂉乀スエ	RNCA(3)
挈	三丨刀手	DHVR	倾	亻匕丆贝	WXDM(3)
锲	钅三丨大	QDHD(3)	卿	卩丿彐卩	QTVB
箧	竹匚一人	TAGW	清	氵龶月	IGEG(3)
趄	土𣥂目一	FHEG(3)	圊	囗龶月	LGED
拼音（qin）			蜻	虫龶月	JGEG
钦	钅欠人	QQWY(3)	鲭	鱼一龶月	QGGE
侵	亻彐冖又	WVPC(3)	晴	日龶月	JGEG(3)
亲	立木	USU(2)	擎	艹勹口手	AQKR
秦	三人禾	DWT	氰	𠂉乀龶月	RNGE
琴	王王人丶	GGWN(3)	情	忄龶月	NGEG(3)
勤	廿口龶力	AKGL	檠	艹勹口木	AQKS
芹	艹斤	ARJ	黥	罒土灬小	LFOI

字	拆分	编码	字	拆分	编码
顷	ヒ丁贝	XDMY(2)	泗	氵囗人	ILWY(3)
请	讠丰月	YGEG(3)	俟	亻厶丶	WFIY
苘	艹门口	AMKF(3)	巯	工一儿	CAYQ(3)
謦	士尸几言	FNMY	犰	犭丿九	QTVN
庆	广大	YDI(2)	逑	十丶辶	FIYP
磬	士尸几石	FNMD	遒	丷西一辶	USGP
罄	士尸几山	FNMM	赇	贝十丶	MFIY(3)
箐	竹丰月	TGEF(3)	虬	虫乚	JNN
拼音（qiong）			蝤	虫丷西一	JUSG(3)
琼	王亠小	GYIY	裘	十丶衣	FIYE
穷	宀八力	PWLB(3)	鼽	丿目田九	THLV
邛	工阝	ABH	糗	米丿目犬	OTHD
茕	艹冖十	APNF(3)	**拼音（qu）**		
穹	宀八弓	PWXB(3)	趋	土龰ク彐	FHQV
蛩	工几丶虫	AMYJ	区	匚乂	AQI(2)
筇	竹工阝	TABJ(3)	蛆	虫月一	JEGG
跫	工几丶龰	AMYH	曲	冂艹	MAD(2)
銎	工几丶金	AMYQ	躯	丿冂三乂	TMDQ
拼音（qiu）			屈	尸凵山	NBMK(3)
秋	禾火	TOY(2)	驱	马匚乂	CAQY(3)
丘	斤一	RGD	岖	山匚乂	MAQY(3)
邱	斤阝	RGBH(3)	觑	虍七业儿	HAOQ
湫	氵禾火	ITOY	祛	礻土厶	PYFC
楸	木禾火	STOY(3)	蛐	虫冂艹	JMAG(3)
蚯	虫斤一	JRGG	麹	十人人米	FWWO
鳅	鱼禾火	QGTO	黢	罒土厶夂	LFOT
球	王十丶	GFIY(3)	渠	氵匚コ木	IANS
求	十丶	FIYI(3)	劬	勹口力	QKLN(3)
囚	囗人	LWI	蕖	艹氵匚木	AIAS
酋	丷西一	USGF	蘧	艹虍七辶	AHHP

汉字	五笔字根	字母	汉字	五笔字根	字母
衢	彳目目亅	THHH	鬈	镸彡丷巳	DEUB
璩	王广七豕	GHAE	犬	大一丿丶	DGTY
瞿	目目亻乚	HHWN	绻	纟丷大巳	XUDB
朐	月勹口	EQKG(3)	畎	田犬	LDY
磲	石氵匚木	DIAS	券	丷大刀	UDVB(3)
鸲	勹口勹一	QKQG	劝	又力	CLN(2)
癯	疒目目隹	UHHY(3)	拼音（que）		
蠼	虫目目又	JHHC	缺	𠂉山𠃌人	RMNW(3)
取	耳又	BCY(2)	炔	火𠃌人	ONWY(3)
娶	耳又女	BCVF(3)	阕	门癶一大	UWGD
龋	止人口丶	HWBY	瘸	疒力口人	ULKW
趣	土走耳又	FHBC(3)	却	土厶卩	FCBH(3)
去	土厶	FCU(3)	鹊	卄日勹一	AJQG(3)
阒	门目犬	UHDI(3)	榷	木冖亻主	SPWY
拼音（quan）			确	石⺈用	DQEH(3)
圈	口丷大巳	LUDB(3)	雀	小亻主	IWYF
悛	忄厶八夂	NCWT(3)	阙	门丷口人	UUBW(3)
颧	卄口口贝	AKKM(3)	悫	士冖几心	FPMN
权	木又	SCY(2)	拼音（qun）		
醛	西一卄王	SGAG	逡	厶八夂辶	CWTP(3)
泉	白水	RIU	裙	衤乛彐口	PUVK
全	人王	WGF(2)	群	彐丿口羊	VTKD(3)
痊	疒人王	UWGD(3)			
拳	丷大手	UDRJ(3)	**R**		
诠	讠人王	YWGG(3)	拼音（ran）		
荃	卄人王	AWGF	汉字	五笔字根	字母
辁	车人王	LWGG	然	夕犬灬	QDOU(2)
铨	钅人王	QWGG(3)	燃	火夕犬灬	OQDO
蜷	虫丷大巳	JUDB	冉	冂土	MFD
筌	𥫗人王	TWGF			

苒	艹冂土	AMFF(3)	韧	二刁丶	FNHY
蚺	虫冂土	JMFG(3)	任	亻丿士	WTFG(3)
髯	镸彡冂土	DEMF(3)	认	讠人	YWY(2)
染	氵九木	IVSU(3)	刃	刀丶	VYI
拼音（rang）			妊	女丿士	VTFG(3)
瓤	亠口口乀	YKKY	纫	纟刀丶	XVYY(3)
禳	礻丶亠㠯	PYYE	仞	亻刀丶	WVYY
穰	禾亠口㠯	TYKE(3)	葚	艹廿三乚	AADN
壤	土亠口㠯	FYKE(3)	饪	𠂉乚丿士	QNTF
攘	扌亠口㠯	RYKE(3)	轫	车刀丶	LVYY
嚷	口亠口㠯	KYKE(3)	衽	衤丿士	PUTF
让	讠上	YHG(2)	拼音（reng）		
拼音（rao）			扔	扌乃	REN(2)
饶	𠂉乚戈儿	QNAQ(3)	仍	亻乃	WEN(2)
荛	艹戈丿儿	AATQ	拼音（ri）		
娆	女戈丿儿	VATQ(3)	日	日日日日	JJJJ
桡	木戈丿儿	SATQ(3)	拼音（rong）		
扰	扌尤乚	RDNN(3)	戎	戈𠂇	ADE
绕	纟戈丿儿	XATQ(3)	茸	艹耳	ABF
拼音（re）			蓉	艹宀八口	APWK(3)
惹	艹𠂇口心	ADKN	荣	艹冖木	APSU(3)
热	扌九丶灬	RVYO	融	一口冂虫	GKMJ(3)
拼音（ren）			熔	火宀八口	OPWK
仁	亻二	WFG	溶	氵宀八口	IPWK
人	人人人人	WWWW	容	宀八人口	PWWK(3)
壬	丿士	TFD	绒	纟戈𠂇	XADT(3)
忍	刀丶心	VYNU	冗	冖几	PMB
荏	艹亻丿士	AWTF	嵘	山艹冖木	MAPS
稔	禾人丶心	TWYN	狨	犭丿戈𠂇	QTAD
			榕	木宀八口	SPWK

附 录

汉字	五笔字根	字母
肜	月彡	EET
蝶	虫艹冖木	JAPS
拼音（rou）		
揉	扌マ丆木	RCBS
柔	マ丆木	CBTS
糅	米マ丆木	OCBS(3)
蹂	口止マ木	KHCS
鞣	廿甲マ木	AFCS
肉	冂人人	MWWI(3)
拼音（ru）		
茹	艹女口	AVKF(3)
蠕	虫雨丆刂	JFDJ
儒	亻雨丆刂	WFDJ(3)
孺	子雨丆刂	BFDJ(3)
如	女口	VKG(2)
薷	艹雨丆刂	AFDJ
嚅	口雨丆刂	KFDJ(3)
濡	氵雨丆刂	IFDJ(3)
铷	钅女口	QVKG(3)
褥	衤彐雨	PUFJ
颥	雨丆门贝	FDMM
辱	厂二比寸	DFEF
乳	爫子乚	EBNN(3)
汝	氵女	IVG
入	丿乀	TYI(2)
溽	氵彐厂寸	PUDF
蓐	艹厂二寸	ADFF
洳	氵女口	IVKG
潺	氵厂二寸	IDFF

汉字	五笔字根	字母
缛	纟厂二寸	XDFF
拼音（ruan）		
软	车欠人	LQWY(3)
阮	阝二儿	BFQN(3)
朊	月二儿	EFQN(3)
拼音（rui）		
蕤	艹豕丿圭	AETG
蕊	艹心心心	ANNN(3)
瑞	王山丆刂	GMDJ(3)
锐	钅䒑口儿	QUKQ(3)
芮	艹冂人	AMWU
枘	木冂人	SMWY(3)
睿	卜冖一目	HPGH
蚋	虫冂人	JMWY(3)
拼音（run）		
闰	门王	UGD(2)
润	氵门王	IUGG
拼音（ruo）		
若	艹尤口	ADKF(3)
弱	弓冫弓冫	XUXU(2)
偌	亻艹尤口	WADK(3)
箬	𥫗艹尤口	TADK

S

拼音（sa）		
汉字	五笔字根	字母
仨	亻三	WDG
挲	氵小丿手	IITR

字	拆分	编码	字	拆分	编码
撒	扌卄月攵	RAET(3)	骚	马又丶虫	CCYJ(3)
洒	氵西	ISG(2)	缫	纟巛曰木	XVJS(3)
萨	卄阝立丿	ABUT(3)	臊	月口口木	EKKS
卅	一川	GKK	鳋	鱼一又虫	QGCJ
脎	月乂木	EQSY(3)	扫	扌彐	RVG(2)
飒	立几乂	UMQY	嫂	女臼丨又	VVHC(3)
拼音（sai）			埽	土彐冖丨	FVPH(3)
腮	月田心	ELNY	瘙	疒又虫	UCYJ(3)
鳃	鱼一田心	QGLN(3)	拼音（se）		
塞	宀二刂土	PFJF	瑟	王王心丿	GGNT(3)
噻	口宀二刂土	KPFF(3)	色	㔾巴	QCB(2)
赛	宀二刂贝	PFJM	涩	氵刀止	IVYH(3)
拼音（san）			啬	十䒑口口	FULK
三	三一一	DGGG(2)	铯	钅㔾巴	QQCN
叁	厶大三	CDDF(3)	穑	禾十䒑口	TFUK
毵	厶大彡乚	CDEN	拼音（sen）		
伞	人䒑丨	WUHJ(3)	森	木木木	SSSU(3)
散	卄月攵	AETY(3)	拼音（seng）		
馓	𠂇乚卄攵	QNAT	僧	亻丷囗日	WULJ(3)
糁	米厶大彡	OCDE(3)	拼音（sha）		
拼音（sang）			莎	卄氵小丿	AIIT
桑	又又又木	CCCS	砂	石小丿	DITT(2)
嗓	口又又木	KCCS(3)	杀	乂木	QSU
搡	扌又又木	RCCS	刹	乂木刂	QSJH(3)
颡	又又又贝	CCCM	沙	氵小丿	IITP(3)
丧	十䒑𠄌	FUEU	纱	纟小丿	XITT(2)
磉	石又又木	DCCS(3)	铩	钅乂木	QQSY(3)
拼音（sao）			痧	疒氵小丿	UIIT(3)
搔	扌又丶虫	RCYJ	裟	氵小丿衣	IITE

鲨	氵小丿一	IITG		赡	贝⺈厂言	MQDY(3)
啥	口人千口	KWFK		膳	月丷手口	EUDK
傻	亻丿口夂	WTLT		善	丷手䒑口	UDUK
煞	夂彐攵灬	QVTO(3)		汕	氵山	IMH
唼	口立女	KUVG(3)		扇	丶尸羽	YNND
嗄	口丆目攵	KDHT		缮	纟丷手口	XUDK(3)
歃	丿十臼人	TFVW		剡	火火刂	OOJH(3)
霎	雨立女	FUVF(3)		讪	讠山	YMH
拼音（shai）				鄯	丷手䒑阝	UDUB
筛	竹刂一丨	TJGH		嬗	女亠口一	VYLG
晒	日西	JSG		骟	马丶尸羽	CYNN
拼音（shan）				疝	疒山	UMK
珊	王冂冂一	GMMG(3)		蟮	虫丷手口	JUDK
杉	木彡	SET		鳝	鱼一丷口	QGUK
山	山山山山	MMMM(3)		**拼音（shang）**		
删	冂冂一刂	MMGJ		墒	土亠冂口	FUMK(3)
煽	火丶尸羽	OYNN		伤	亻𠂉力	WTLN(3)
衫	衤彡	PUET(3)		殇	一夕𠂉𠃌	GQTR
芟	艹几又	AMCU(3)		熵	火亠冂口	OUMK(3)
潸	氵木木月	ISSE		觞	⺈用𠂉𠃌	QETR
姗	女冂冂一	VMMG(3)		商	亠冂八口	UMWK(2)
膻	月亠口一	EYLG(3)		赏	⺌冖口贝	IPKM
钐	钅彡	QET		晌	日丿冂口	JTMK(3)
舢	丿舟山	TEMH		垧	土丿冂口	FTMK
跚	口止冂一	KHMG		上	上丨一	HHGG(3)
髟	镸彡	DET		尚	⺌冂口	IMKF
闪	门人	UWI(2)		绱	纟⺌冂口	XIMK(3)
陕	阝一丷人	BGUW(3)		裳	⺌冖口衣	IPKE
苫	艹卜口	AHKF(3)		**拼音（shao）**		
擅	扌亠口一	RYLG(3)		梢	木⺌月	SIEG(3)

字	拆分	编码	字	拆分	编码
捎	扌⺌月	RIEG(3)	社	礻、土	PYFG(2)
稍	禾⺌月	TIEG(3)	设	讠几又	YMCY(3)
烧	火戈丿儿	OATQ(3)	厍	厂车	DLK
筲	⺮⺌月	TIEF	涉	氵耳又又	IBCC
艄	丿舟⺌月	TEIE	麝	广口丨寸	YNJF
芍	艹勹、	AQYU(3)	**拼音（shen）**		
勺	勹、	QYI	砷	石曰丨	DJHH(3)
韶	立日刀口	UJVK(3)	申	曰丨	JHK
苕	艹刀口	AVKF	呻	口曰丨	KJHH(3)
杓	木勹、	SQYY	伸	亻曰丨	WJHH(3)
少	小丿	ITR(2)	身	丿冂三丨	TMDT(3)
哨	口⺌月	KIEG(3)	深	氵冖八木	IPWS(3)
邵	刀口阝	VKBH(3)	娠	女厂二氏	VDFE(3)
绍	纟刀口	XVKG(3)	绅	纟曰丨	XJHH(3)
劭	刀口力	VKLN(3)	诜	讠丿土儿	YTFQ
潲	氵禾⺌月	ITIE(3)	神	礻、曰丨	PYJH(3)
拼音（she）			什	亻十	WFH
奢	大土丿日	DFTJ(3)	沈	氵冖儿	IPQN(3)
赊	贝人二小	MWFI(3)	审	宀曰丨	PJHJ(2)
佘	人二小	WFIU	婶	女宀曰丨	VPJH(3)
猞	犭人口	QTWK	谂	讠人、心	YWYN
畬	人二小田	WFIL	哂	口西	KSG
蛇	虫宀匕	JPXN(3)	渖	氵宀曰丨	IPJH(3)
舌	丿古	TDD	甚	艹三八乚	ADWN
舍	人干口	WFKF(3)	肾	丨又月	JCEF(3)
赦	土小攵	FOTY(3)	慎	忄十且八	NFHW(3)
摄	扌耳又又	RBCC	渗	氵厶大彡	ICDE(3)
射	丿冂三寸	TMDF	椹	木艹三乚	SADN
慑	忄耳又又	NBCC(3)	胂	月曰丨	EJHH
涉	氵止少	IHIT(3)	蜃	厂二氏虫	DFEJ

	拼音（sheng）		食	人、彐㇏	WYVE(3)
声	士尸	FNR	蚀	㇈乚虫	QNJY(3)
生	丿丯	TGD(2)	实	宀丷大	PUDU(2)
甥	丿丯田力	TGLL	识	讠口八	YKWY(3)
牲	丿扌丿丯	TRTG	埘	土日寸	FJFY
升	丿廾	TAK	炻	火石	ODG(3)
笙	𥫗丿丯	TTGF	鲥	鱼一日寸	QGJF
绳	纟口曰乚	XKJN	史	口乂	KQI(2)
省	小丿目	ITHF(3)	矢	㇈大	TDU(3)
眚	丿丯目	TGHF	使	亻一口乂	WGKQ
盛	厂丁丶皿	DNNL	屎	尸米	NOI(3)
剩	禾㇇匕刂	TUXJ	驶	马口乂	CKQY(3)
胜	月丿丯	ETGG(3)	始	女厶口	VCKG(3)
圣	又土	CFF	豕	豕一丿八	EGTY(3)
嵊	山禾㇇匕	MTUX(3)	式	弋工	AAD(2)
	拼音（shi）		示	二小	FIU(2)
师	丿一冂丨	JGMH(3)	士	士一丨一	FGHG
狮	犭丿丿丨	QTJH	世	廿乚	ANV(2)
施	方𠂉也	YTBN(3)	柿	木亠冂丨	SYMH
湿	氵日业一	IJOG(3)	事	一口彐丨	GKVH(2)
诗	讠土寸	YFFY(3)	拭	扌弋工	RAAG(3)
尸	尸㇕一	NNGT	誓	扌斤言	RRYF
虱	乁丿虫	NTJI(3)	逝	扌斤辶	RRPK(3)
酾	西一丶	SGGY	势	扌九丶力	RVYL
鲺	鱼一乁虫	QGNJ(3)	是	曰一龰	JGHU(3)
失	㇈人	RWI(2)	嗜	口土丿日	KFTJ
十	十一丨	FGH(3)	筮	𥫗工人人	TAWW(3)
石	石一丿一	DGTG	噬	口𥫗工人	KTAW(3)
拾	扌人一口	RWGK	适	丿古辶	TDPD(3)
时	日寸	JFY(2)	仕	亻士	WFG

汉字	拆分	编码	汉字	拆分	编码
侍	亻土寸	WFFY(3)	蔬	艹一止儿	ANHQ(3)
释	丿米又丨	TOCH(3)	枢	木匚乂	SAQY(3)
饰	饣丿一丨	QNTH	梳	木亠厶儿	SYCQ(3)
氏	𠂉𠄌	QAV(2)	殊	一夕𠂉小	GQRI(3)
市	亠冂丨	YMHJ	抒	扌𠃌𠄌	RCBH(3)
恃	忄土寸	NFFY(3)	输	车人一刂	LWGJ(3)
室	宀一厶土	PGCF(3)	叔	上小又	HICY(3)
视	礻丶冂儿	PYMQ(3)	舒	人干口𠄌	WFKB
试	讠弋工	YAAG(3)	淑	氵上小又	IHIC
莳	艹日寸	AJFU	疏	𠂉止亠儿	NHYQ(3)
弑	乂木弋工	QSAA	书	𠃌丨丶	NNHY(3)
轼	车弋工	LAAG(3)	倏	亻丨夂犬	WHTD
铈	饣亠冂丨	QYMH	菽	艹上小又	AHIC(3)
螫	土小攵虫	FOTJ	摅	扌广七心	RHAN
舐	丿古𠂉𠄌	TDQA	姝	女𠂉小	VRIY(3)
拼音（shou）			纾	纟𠃌𠄌	XCBH(3)
收	𠃌丨攵	NHTY(2)	毹	人一月𠃌	WGEN
手	手丿一	RTGH(2)	殳	几又	MCU
首	䒑丿目	UTHF(3)	赎	贝十一大	MFND(3)
守	宀寸	PFU(2)	孰	亠子九丶	YBVY
艏	丿舟䒑目	TEUH(3)	熟	亠子九灬	YBVO(3)
寿	三丿寸	DTFU(3)	塾	亠子九土	YBVF
授	扌爫冖又	REPC(3)	秫	禾木丶	TSYY(3)
售	亻圭口	WYKF(3)	薯	艹罒土曰	ALFJ
受	爫冖又	EPCU(3)	暑	曰土丿日	JFTJ(3)
瘦	疒臼丨又	UVHC(3)	曙	日罒土曰	JLFJ(2)
兽	丷田一口	ULGK(3)	署	罒土丿日	LFTJ
狩	犭丿宀寸	QTPF	蜀	罒勹虫	LQJU(3)
绶	纟爫冖又	XEPC	黍	禾人水	TWIU(3)
拼音（shu）			鼠	臼𠂉㇄丶	VNUN(3)

属	尸丿口丶	NTKY(3)
术	木丶	SYI(2)
述	木丶辶	SYPI(3)
树	木又寸	SCFY(3)
束	一口小	GKII(3)
戍	厂丶丿	DYNT
竖	丨又立	JCUF(3)
墅	日土マ土	JFCF
庶	广廿灬	YAOI(3)
数	米女攵	OVTY(3)
漱	氵一口人	IGKW
恕	女口心	VKNU(3)
沭	氵木丶	ISYY
澍	氵士口寸	IFKF
腧	月人一刂	EWGJ

拼音（shua）

刷	尸冂丨刂	NMHJ(3)
唰	口尸冂刂	KNMJ(3)
耍	丆冂刂女	DMJV

拼音（shuai）

摔	扌亠幺十	RYXF(3)
衰	亠口一𧘇	YKGE
甩	月乚	ENV(2)
帅	丨冂丨	JMHH(3)
蟀	虫亠幺十	JYXF(3)

拼音（shuan）

栓	木人王	SWGG(3)
拴	扌人王	RWGG(3)
闩	门一	UGD
涮	氵尸冂刂	INMJ(3)

拼音（shuang）

霜	雨木目	FSHF(2)
双	又又	CCY(2)
孀	女雨木目	VFSH(3)
爽	大乂乂乂	DQQQ(3)

拼音（shui）

谁	讠亻主	YWYG
水	水水水水	IIII(2)
睡	目丿一士	HTGF(2)
税	禾丷口儿	TUKQ(3)

拼音（shun）

吮	口厶儿	KCQN(3)
瞬	目爫冖丨	HEPH(3)
顺	川丆贝	KDMY(3)
舜	爫冖夕丨	EPQH

拼音（shuo）

说	讠丷口儿	YUKQ(2)
硕	石丆贝	DDMY(3)
朔	丷屮丿月	UBTE
烁	火丆小	OQIY(3)
蒴	艹丷屮月	AUBE(3)
搠	扌丷屮月	RUBE(3)
妁	女勹丶	VQYY(3)
铄	钅丆小	QQIY(3)

拼音（si）

斯	廿三八斤	ADWR
撕	扌廿三斤	RADR(3)
嘶	口廿三斤	KADR(3)
思	田心	LNU(2)

汉字	字根	编码	汉字	字根	编码
私	禾厶	TCY	蒞	艹木八厶	ASWC(3)
司	刁一口	NGKD(3)	崧	山木八厶	MSWC(3)
丝	幺幺一	XXGF(3)	嵩	山亠冂口	MYMK(3)
厮	厂廿三斤	DADR	松	木八厶	NWCY(3)
咝	口幺幺一	KXXG	凇	氵木八厶	ISWC
澌	氵廿三斤	IADR	耸	人人耳	WWBF(3)
缌	纟田心	XLNY	怂	人人心	WWNU(3)
锶	钅田心	QLNY(3)	悚	忄一口小	NGKI
鸶	幺幺一一	XXGG	竦	立一口小	UGKI
蛳	虫丿一丨	JJGH(3)	颂	八厶丆贝	WCDM(3)
死	一夕匕	GQXB(3)	送	丷大辶	UDPI(3)
肆	镸彐二丨	DVFH(2)	宋	宀木	PSU
寺	土寸	FFU(2)	讼	讠八厶	YWCY(3)
嗣	口冂廿口	KMAK(3)	诵	讠マ用	YCEH
四	四丨冂一	LHNG(2)	拼音（sou）		
伺	亻刁一口	WNGK(3)	搜	扌臼丨又	RVHC(3)
似	亻乚、人	WNYW(3)	艘	丿舟臼又	TEVC
饲	饣刁一口	QNNK	嗖	口臼丨又	KVHC(3)
巳	巳刁一乚	NNGN	馊	饣乚臼又	QNVC
兕	𠄎勹一儿	MMGQ	溲	氵臼丨又	IVHC(3)
汜	氵巳	INN	飕	几乂臼又	MQVC
泗	氵四	ILG(3)	锼	钅臼丨又	QVHC
姒	女乚、人	VNYW(3)	螋	虫臼丨又	JVHC(3)
驷	马四	CLG(3)	擞	扌米女攵	ROVT
祀	礻、巳	PYNN	叟	臼丨又	VHCU(3)
耜	三小㇇㇇	DINN(3)	薮	艹米女攵	AOVT
笥	⺮刁一口	TNGK(3)	嗾	口方㇏大	KYTD(3)
拼音（song）			瞍	目臼丨又	HVHC(3)
松	木八厶	SWCY(3)	嗽	口一口人	KGKW
凇	氵木八厶	USWC(3)	拼音（su）		

苏	艹力八	ALWU(3)		眭	目土土	HFFG(3)
酥	西一禾	SGTY		睢	目亻㐄	HWYG
稣	鱼一禾	QGTY		隋	阝ナ工月	BDAE(3)
俗	亻八人口	WWWK		随	阝ナ月辶	BDEP(3)
素	圭幺小	GXIU(3)		绥	纟爫女	XEVG(3)
速	一口小辶	GKIP		髓	骨月ナ辶	MEDP(3)
粟	西米	SOU		碎	石亠人十	DYWF(3)
傈	亻西米	WSOY(3)		岁	山夕	MQU
塑	丷凵丿土	UBTF		穗	禾一曰心	TGJN
溯	氵丷凵月	IUBE(3)		遂	丷豕辶	UEPI(3)
宿	宀亻丆日	PWDJ		隧	阝丷豕辶	BUEP(3)
诉	讠斤丶	YRYY(2)		祟	山山二小	BMFI(3)
肃	彐小川	VIJK(3)		邃	宀八丷辶	PWUP
夙	几一夕	MGQI(3)		燧	火丷豕辶	OUEP(3)
谡	讠田八夂	YLWT(3)		**拼音（sun）**		
蔌	艹一口人	AGKW(3)		孙	子小	BIY(2)
嗉	口圭幺小	KGXI		荪	艹子小	ABIU
愫	忄圭幺小	NGXI(3)		狲	犭丿子小	QTBI
涑	氵一口小	IGKI		飧	夕人丶𠄌	QWYE
簌	𥫗一口人	TGKW		损	扌口贝	RKMY(3)
觫	𠂆用一小	QEGI(3)		笋	𥫗彐丿	TVTR(3)
拼音（suan）				榫	木亻㐄十	SWYF
酸	西一厶夂	SGCT(3)		隼	亻㐄十	WYFJ
狻	犭丿厶夂	QTCT		**拼音（suo）**		
蒜	艹二小小	AFII(3)		蓑	艹亠口㲋	AYKE(3)
算	𥫗目廾	THAJ(3)		梭	木厶八夂	SCWT(3)
拼音（sui）				唆	口厶八夂	KCWT(3)
虽	口虫	KJU(2)		缩	纟宀亻日	XPWJ(3)
荽	艹爫女	AEVF(3)		嗍	口丷凵月	KUBE(3)
濉	氵目亻㐄	IHWY(3)		娑	氵小丿女	IITV

汉字	五笔字根	字母
桫	木丷小丿	SIIT(3)
瞍	目厶八又	HCWT(3)
羧	丷耂厶又	UDCT
琐	王丷贝	GIMY(3)
索	十冖幺小	FPXI(3)
锁	钅丷贝	QIMY(3)
所	厂コ斤	RNRH(2)
唢	口丷贝	KIMY(3)
榫	宀山丿木	UBTS
嗦	口十冖小	KFPI

T

拼音（ta）		
汉字	五笔字根	字母
溻	氵日羽	IJN
獭	犭丿一贝	QTGM
鳎	鱼一日羽	QGJN
趿	口止乃丶	KHEY
塌	土日羽	FJNG(3)
遢	日羽辶	JNP
塔	土艹人口	FAWK
它	宀匕	PXB(2)
挞	扌大辶	RDPY(3)
她	女也	VBN
榻	木日羽	SJNG(2)
闼	门大辶	UDPI
蹋	口止日羽	KHJN(3)
他	亻也	WBN(2)
拓	扌石	RDG(2)

铊	钅宀匕	QPXN(3)
踏	口止水日	KHIJ
拼音（tai）		
酞	西一大丶	SGDY
肽	月大丶	EDY
跆	口止厶口	KHCK
抬	扌厶口	RCKG(3)
态	大丶心	DYNU(3)
鲐	鱼一厶口	QGCK(3)
钛	钅大丶	QDY
苔	艹厶口	ACKF(3)
汰	氵大丶	IDYY(3)
薹	艹士口土	AFKF(3)
炱	厶口火	CKOU(3)
邰	厶口阝	CKB
台	厶口	CKF(2)
太	大丶	DYI(2)
胎	月厶口	ECKG(3)
泰	三人水	DWIU
拼音（tan）		
瘫	疒又亻丶	UCWY
谈	讠火火	YOOY(3)
痰	疒火火	UOOI(3)
碳	石山ナ火	DMDO(3)
潭	氵西早	ISJH(3)
炭	山ナ火	MDOU(3)
毯	丿二乚火	TFNO
叹	口又	KCY
探	扌宀八木	RPWS
摊	扌又亻丶	RCWY(3)

附　录

坛	土二厶	FFCY(3)		淌	氵⺌冂口	IIMK(3)
钽	钅曰一	QJGG(3)		堂	⺌宀口土	IPKF
羰	⺈⺧山火	UDM		溏	氵广彐口	IYVK
坦	土曰一	FJGG(3)		唐	广彐丨口	YVHK(3)
昙	曰二厶	JFCU		棠	⺌宀口木	IPKS
谭	讠西早	YSJH(3)		**拼音（tao）**		
袒	衤丶曰一	PUJG		掏	扌勹⺈山	RQRM(3)
坍	土门⺊	FMYG		啕	口勹⺈山	KQRM
滩	氵又亻主	ICWY(3)		萄	艹勹⺈山	AQRM(3)
贪	人、冖贝	WYNM		慆	忄爫臼	NEVG
檀	木一口一	SYLG(3)		讨	讠寸	YFY
拼音（tang）				淘	氵勹⺈山	IQRM(3)
螗	虫广彐口	JYVK		鼗	㕥儿士又	IQF
搪	扌广彐口	RYVK(3)		绦	纟夂木	XTSY(3)
螳	虫⺌宀土	JIP		陶	阝勹⺈山	BQRM(3)
膛	月⺌宀土	EIPF(2)		逃	㕥儿辶	IQPV(3)
烫	氵乃⺁火	INRO		滔	氵爫臼	IEVG(3)
醣	西一广口	SGYK		洮	氵㕥儿	IIQ
趟	土疋⺌口	FHIK(3)		桃	木㕥儿	SIQN(3)
耥	三小⺌口	DIIK		套	大镸	DDU
镗	钅⺌宀土	QIPF		涛	氵三丨寸	IDTF(3)
躺	丿门三口	TMDK		焘	三丨寸灬	DTFO
铴	钅乙⺆	QINR(3)		饕	口一勹⺄	KGNE
傥	亻⺌宀儿	WIPQ		**拼音（te）**		
塘	土广彐口	FYVK(3)		忑	一卜心	GHNU
糖	米广彐口	OYVK(3)		铽	钅弋心	QANY
瑭	王广彐口	GYVK		慝	匚艹丆心	AADN
饧	⺈乚乙⺆	QNNR		忒	弋心	ANI
帑	女又冂丨	VCMH(3)		特	丿扌土寸	TRFF(3)
汤	氵乃⺆	INRT(3)		**拼音（teng）**		

汉字	字根	编码
疼	疒夂丶	UTUI(3)
藤	艹月䒑水	AEUI(3)
誊	䒑大言	UDYF
腾	月䒑大马	EUDC(3)
滕	月䒑大水	EUDI

拼音（ti）

汉字	字根	编码
裼	衤丶日勿	PUJR
绨	纟丷弓丿	XUXT
涕	氵丷弓丿	IUXT
踢	口止曰勿	KHJR(3)
替	二人二日	FWFJ(3)
鹈	丷弓丨一	UXHG
屉	尸卄乚	NANV(3)
提	扌日一疋	RJGH(2)
锑	钅丷弓丿	QUXT(3)
题	日一疋贝	JGHM
荑	艹一弓人	AGXW(3)
蹄	口止丷丨	KHUH
啼	口丷冖丨	KUPH(2)
倜	亻冂土口	WMFK(3)
逖	犭丿火辶	QTOP
缇	纟日一疋	XJGH(3)
悌	忄丷弓丿	NUXT(3)
惕	忄日勹彡	NJQR(3)
剃	丷弓丨刂	UXHJ
醍	西一日疋	SGJH
剔	日勹彡刂	JQRJ
嚏	口十冖丶	KFPH
梯	木丷弓丿	SUXT(3)
体	亻木一	WSGG(3)

拼音（tian）

汉字	字根	编码
捵	扌一大小	RGDN
腆	月冂䒑八	EMAW(3)
填	土十且八	FFHW(3)
甜	丿古䒑二	TDAF
舔	丿古一小	TDGN
忝	一大小	GDNU(3)
阗	门十且八	UFHW(3)
畋	田攵	LTY
殄	一夕人彡	GQWE
添	氵一大小	IGDN(3)
恬	忄丿古	NTDG(3)
天	一大	GDI(2)
田	田田田田	LLLL(3)

拼音（tiao）

汉字	字根	编码
鲦	鱼一夂木	QGTS
髫	镸彡刀口	DEVK
韶	止人凵口	HWBK
眺	目丷儿	HIQN(3)
蜩	虫冂土口	JMFK
佻	亻丷儿	WIQN(3)
迢	刀口辶	VKPD(3)
桃	木丷儿	PYIQ
笤	竹刀口	TVKF(3)
跳	口止丷儿	KHIQ(3)
挑	扌丷儿	RIQN(3)
铫	钅丷儿	QIQN(3)
窕	宀八丷儿	PWIQ(3)
枀	凵山米	BMOU(3)
条	夂木	TSU(2)

\multicolumn{3}{c	}{拼音（tie）}		酮	西一门口	SGMK
贴	贝卜口	MHKG		痛	疒マ用	UCEK(3)
萜	廾冂丨口	AMHK		桶	木マ用	SCEH(3)
帖	冂丨卜口	MHHK(3)		瞳	目立曰土	HUJF(2)
铁	钅⺵人	QRWY(2)		铜	钅门一口	QMGK
餮	一夕人㇏	GQWE		佟	亻夂冫	WTUY
\multicolumn{3}{c	}{拼音（ting）}		童	立曰土	UJFF
停	亻亠冖丁	WYP		恫	忄冂厶力	NFCL
艇	丿舟丿㇏	TETP(3)		潼	氵立曰土	IUJF
厅	厂丁	DSK(2)		通	マ用辶	CEPK(3)
挺	扌冂士㇏	RTFP		桐	木门一口	SMGK
庭	广丿士㇏	YTFP		仝	人工	WAF
葶	廾亠冖丁	AYPS(3)		统	纟亠厶儿	XYCQ(3)
听	口斤	KRH(2)		同	门一口	MGKD(1)
莛	廾丿士㇏	ATFP		砼	石人工	DWAG(3)
蜓	虫丿士㇏	JTFP		彤	冂一彡	MYET(3)
亭	亠冖丁	YPSJ(3)		\multicolumn{3}{c	}{拼音（tou）}
霆	雨丿士㇏	FTFP(3)		透	禾乃辶	TEPV(3)
梃	木丿士㇏	STFP		投	扌几又	RMCY(3)
廷	丿士㇏	TFPD		偷	亻人一刂	WWGJ
烃	火ス工	OCAG(2)		头	丶大	UDI
铤	钅丿士㇏	QTFP		骰	骨月几又	MEMC(3)
汀	氵丁	ISH		\multicolumn{3}{c	}{拼音（tu）}
婷	女亠冖丁	VYPS(3)		酴	西一人禾	SGWT
町	田丁	LSH		菟	廾夕口丶	AQKY
\multicolumn{3}{c	}{拼音（tong）}		徒	彳土⻊	TFHY
嗵	口マ用辶	KCEP(3)		吐	口土	KFG
筒	竹门一口	TMGK		秃	禾几	TMB
捅	扌マ用	RCEH(3)		堍	土夕口丶	FQKY(3)
茼	廾门一口	AMGK(3)		钍	钅土	QFG

汉字	五笔字根	字母
突	宀八犬	PWDU(3)
茶	艹人禾	AWTU(3)
凸	丨一冂一	HGMG(3)
途	人禾辶	WTPI(3)
涂	氵人禾	IWTY(3)
屠	尸土丿日	NFTJ(3)
图	囗冬丶	LTUI(3)
土	土土土土	FFFF
兔	亇口儿丶	QKQY
拼音（tuan）		
抟	扌二厶丶	RFNY(3)
湍	氵山而丨	IMDJ(3)
彖	彑豕	XEU
疃	田立曰土	LUJF(3)
团	囗十丿	LFTE(3)
拼音（tui）		
褪	衤彐𠄌辶	PUVP
煺	火彐𠄌辶	OVEP(3)
腿	月彐𠄌辶	EVEP(3)
退	彐𠄌辶	VEPI(3)
推	扌亻圭	RWYG
颓	禾几厂贝	TMDM
蜕	虫丷口儿	JUKQ(3)
拼音（tun）		
饨	饣𠃋一乚	QNGN
吞	一大口	GDKF(3)
暾	日亠子攵	JYBT(3)
臀	尸艹八月	NAWE
氽	人水	WIU
屯	一凵乚	GBNV(2)

汉字	五笔字根	字母
豚	月豕	EEY
拼音（tuo）		
佗	亻宀匕	WPXN(3)
箨	竹扌又丨	TRCH
酡	西一宀匕	SGPX(3)
鸵	勹丶宀匕	QYNX
陀	阝宀匕	BPXN(3)
坨	土宀匕	FPXN
沱	氵宀匕	IPXN(3)
驼	马宀匕	CPXN(2)
柝	木斤丶	SRYY
砣	石宀匕	DPXN(3)
妥	爫女	EVF(3)
托	扌丿七	RTAN(3)
拖	扌𠂉也	RTBN(3)
毛	丿七	TAV
椭	木阝𠂇月	SBDE(3)
唾	口丿一士	KTGF(3)
跎	口止宀匕	KHPX
柁	木宀匕	SPXN(3)
鼍	口口田乚	KKLN(3)
庹	广廿尸丶	YANY
橐	一口丨木	GKHS
脱	月丷口儿	EUKQ(3)

W

拼音（wa）		
汉字	五笔字根	字母
挖	扌宀八乙	RPWN

偎	亻一丨乀	WGNN(3)		晚	日ク口儿	JQKQ(2)
蛙	虫土土	JFFG(3)		烷	火宀二儿	OPFQ(3)
腽	月日皿	EJLG(3)		纨	纟九、	XVYY
洼	氵土土	IFFG		玩	王二儿	GFQN(3)
娲	女口冂人	VKMW(3)		腕	月宀夕㔾	EPQB(3)
哇	口土土	KFFG(3)		菀	艹宀夕㔾	APQB
瓦	一乀、乁	GNYN(3)		宛	宀夕㔾	PQBB(2)
袜	衤ミ一木	PUGS(3)		琬	王宀夕㔾	GPQB(3)
娃	女土土	VFFG(3)		婉	女宀夕㔾	VPQB(3)
拼音（wai）				蜿	虫宀夕㔾	JPQB(3)
歪	一小一止	GIGH(3)		万	丅丿	DNV
崴	山厂一丿	MDGT		**拼音（wang）**		
外	夕卜	QHY(2)		妄	亠乚女	YNVF
拼音（wan）				忘	亠乚心	YNNU
碗	石宀夕㔾	DPQB(3)		往	彳、王	TYGG(3)
脘	月宀二儿	EPFQ(3)		辋	车冂丷乚	LMUN(3)
顽	二儿厂贝	FQDM(3)		旺	日王	JGG
惋	忄宀夕㔾	NPQB		亡	亠乚	YNV
弯	亠小弓	YOXB(3)		汪	氵王	IGG(2)
湾	氵亠小弓	IYOX(3)		网	冂乂乂	MQQI(3)
芄	艹九、	AVYU(3)		惘	忄冂丷乚	NMUN(3)
剜	宀夕㔾刂	PQBJ		罔	冂丷乚	MUYN(3)
畹	田宀夕㔾	LPQB(3)		柱	木王	SGG
丸	九、	VYI		魍	白儿厶乚	RQCN
挽	扌ク口儿	RQKQ		望	亠乚月王	YNEG
皖	白宀二儿	RPFQ(3)		王	王王王王	GGGG(3)
豌	一口丷㔾	GKUB		**拼音（wei）**		
完	宀二儿	PFQB(3)		痿	疒禾女	UTVD(3)
绾	纟宀ㄇㄩ	XPNN(3)		喂	口田一⺄	KLGE(3)
				委	禾女	TVF(2)

味	口二小	KFIY(3)	惟	忄亻㇀	NWYG(3)
隈	阝田一乀	BLGE(3)	葳	艹厂一丿	ADGT(3)
艉	丿舟尸乚	TENN(3)	洧	氵𠂇月	IDEG
喡	一曰十口	GJFK	桅	木夕厂㔾	SQDB(3)
违	二丨辶	FNHP	魏	禾女白厶	TVRC(3)
胃	田月	LEF(2)	潍	氵纟亻㇀	IXWY(3)
萎	艹禾女	ATVF(3)	唯	口亻㇀	KWYG
猬	犭丿田月	QTLE	嵬	山白儿厶	MRQC(3)
涠	氵口二丨	ILFH(3)	韦	二丨丨	FNHK(3)
围	口二丁丨	LFNH	猥	犭丿田乀	QTLE
沩	氵丶力丶	IYLY(3)	微	彳山一攵	TMGT(3)
尉	尸二小寸	NFIF	隗	阝白丿厶	BRQC(3)
畏	田一乀	LGEU(3)	蔚	艹尸二寸	ANFF(3)
伪	亻丶力丶	WYLY(3)	维	纟亻㇀	XWYG(3)
纬	纟二丁丨	XFNH	尾	尸丿二乚	NTFN(3)
遑	日一止丨	JGHH	伟	亻二丁丨	WFNH(3)
帏	冂丨二丨	MHFH(3)	玮	王二丁丨	GFNH(3)
诿	讠禾女	YTVG(3)	未	二小	FII
煨	火田一乀	OLGE(3)	卫	卩一	BGD(2)
帷	冂丨亻㇀	MHWY(3)	为	丶力丶	O
渭	氵田月	ILEG(3)	薇	艹彳山攵	ATMT(3)
娓	女尸丿乚	VNTN	危	𠂊厂㔾	QDBB(3)
位	亻立	WUG	炜	火二丁丨	OFNH(3)
偎	亻田一乀	WLGE	慰	尸二小心	NFIN(3)
鲔	鱼一𠂇月	QGDE	威	厂一女丿	DGVT(3)
巍	山禾女厶	MTVC(3)	圩	土一十	FGFH(3)
逶	禾女辶	TVPD(3)	**拼音（wen）**		
谓	讠田月	YLEG(3)	瘟	疒日皿	UJLD(3)
苇	艹二丁丨	AFNH(3)	蚊	虫文	JYY
闱	门二丁丨	UFNH(3)	吻	口勹丿	KQRT(3)

纹	纟文	XYY		卧	匸丨コ卜	AHNH
稳	禾爫彐心	TQVN(3)		倭	亻禾女	WTVG(3)
刎	勹彡刂	QRJH(3)		踓	止人囗土	HWBF
闻	门耳	UBD(2)		沃	氵丿大	ITDY
问	门口	UKD		**拼音（wu）**		
紊	文幺小	YXIU		捂	丿扌五口	TRGK
温	氵日皿	IJLG(3)		唔	口五口	KGKG
阌	门爫冖又	UEPC		呜	口勹丶一	KQNG
塺	亻二门丶	WFMY(3)		屋	尸一厶土	NGCF(3)
汶	氵文	IYY		忤	忄二儿	NFQN(3)
雯	雨文	FYU		误	讠口一大	YKGD(3)
文	文、一八	YYGY		晤	日五口	JGKG(3)
拼音（weng）				鹀	钅勹丶一	QQNG(3)
嗡	口八厶羽	KWCN(3)		诬	讠工人人	YAWW(3)
蕹	艹亠幺圭	AYXY		鹀	一弋止一	GAHG
蓊	艹八厶羽	AWCN(3)		阢	阝一儿	BGQN(3)
翁	八厶羽	WCNF(3)		鼯	臼匕彐口	VNUK
瓮	八厶一乙	WCGN(3)		污	氵二勹	IFNN(3)
拼音（wo）				浯	氵五口	IGKG
窝	宀八口人	PWKW		蜈	虫口一大	JKGD(3)
渥	氵尸一土	INGF(3)		痦	疒五口	UGKD
硪	石丿扌丿	DTRT(3)		芴	艹勹彡	AQRR
幄	门丨尸土	MHNF		焐	火五口	OGKG(3)
握	扌尸一土	RNGF(3)		妩	女二儿	VFQN(3)
莴	艹口冂人	AKMW(3)		坞	土二勹	FFNN(3)
蜗	虫口冂人	JKMW(3)		坞	士勹丶一	FQNG
涡	氵口冂人	IKMW(3)		雾	雨夂力	FTLB(3)
挝	扌寸辶	RFPY(3)		伍	亻五	WGG
斡	十早人十	FJWF		梧	木五口	SGKG(3)
肟	月二勹	EFNN(3)		捂	扌五口	RGKG

汉字	五笔字根	字母
庑	广二儿	YFQV(3)
务	夂力	TLB(2)
仵	亻𠂉十	WTFH
机	木一儿	SGQN
勿	勹丿	QRE
五	五一一	GGHG(2)
芜	艹二儿	AFQB
午	𠂉十	TFJ
侮	亻𠂉母丶	WTXU(3)
鹜	矛丁丿一	CBTG
乌	勹𠃌一	QNGD(3)
邬	勹𠃌阝	QNGB
忤	忄𠂉十	NTFH
戌	厂丶丿	DNYT(3)
鋈	氵丿大金	ITDQ
悟	忄五口	NGKG
吾	五口	GKF
无	二儿	FQV(2)
兀	一儿	GQV
婺	矛丁丿女	CBTV
武	一弋止	GAHD(3)
吴	口一大	KGDU(3)
毋	口丿	XDE
骛	矛丁丿马	CBTC
痦	疒𠃊丨口	PNHK
巫	工人人	AWWI(3)
舞	𠂉卌一	RLGH(3)
物	丿扌勹丿	TRQR(2)

X

拼音（xi）		
汉字	五笔字根	字母
熄	火丿目心	OTHN
舾	丿丹西	TESG
螅	虫丿目心	JTHN
嬉	女士口口	VFKK(3)
嘻	口士口口	KFKK(3)
蜥	虫木斤	JSRH
唏	口乂丿丨	KQDH(3)
歙	乂丿门人	QDMW
魏	工人人儿	AWWQ
饩	𠂉𠃌𠂉𠃌	QNRN
皠	白匕大	VNUD
硒	石西	DSG
隙	阝丷日小	BIJI(3)
葈	艹亻止止	ATHH(3)
醯	西一一皿	SGYL
膝	月木人水	ESWI(3)
矽	石夕	DQY
吸	口彐\	KEYY(2)
樨	木尸水丨	SNIH
席	广廿门	YAMH(3)
悉	丿米心	TONU(3)
稀	禾乂丿丨	TQDH(3)
僖	亻士口口	WFKK
惜	忄艹日	NAJG
犀	尸水𠂉丨	NIRH(3)

禊	礻、三大	PYDD		渐	氵木斤	ISRH(3)
粞	米西	OSG		袭	龙匕亠衣	DXYE(3)
昔	廿日	AJF		浠	氵乂ナ丨	IQDH(3)
屣	尸彳止㇏	NTHH		析	木斤	SRH(2)
禧	礻、士口	PYFK		习	刁冫	NUD(2)
隰	阝曰幺灬	BJXO(3)		熙	匚丨口灬	AHKO
舃	臼勹灬	VQOU(3)		曦	日丷王丿	JUGT(3)
徙	彳止㇏	THHY(3)		蹊	口止爫大	KHED
夥	宀八夕	PWQU(3)		兮	人一口羽	WGKN
鄎	乂ナ冂阝	QDMB		系	丿幺小	TXIU(3)
洗	氵丷土儿	ITFQ(3)		羲	丷王禾丿	UGTT(3)
葸	廿田心	ALNU		西	西一丨一	SGHG
橄	木白方攵	SRYT(3)		喜	士口䒑口	FKUK(3)
薪	廿木斤	ASRJ(3)		戏	又戈	CAT(2)
蟋	虫丿米心	JTON(3)		锡	钅日勹彡	QJQR(3)
牺	丿扌西	TRSG(3)		烯	火乂ナ丨	OQDH(3)
阋	门臼儿	UVQV(3)		歙	人一口人	WGKW
溪	氵爫幺大	IEXD(3)		茜	廿西	ASF
奚	爫幺大	EXDU(3)		细	纟田	XLG(2)
晳	木斤日	SRRF(3)		**拼音（xia）**		
夕	夕丿冂、	QTNY		峡	山一䒑人	MGUW(3)
媳	女丿目心	VTHN		瞎	目宀三口	HPDK(2)
息	丿目心	THNU(3)		吓	口一卜	KGHY(3)
晰	日木斤	JSRH(3)		硖	石一䒑人	DGUW
铣	钅丿土儿	QTFQ		侠	亻一䒑人	WGUW(3)
熹	士口䒑灬	FKUO		柙	木甲	SLH
玺	夕小王、	QIGY(3)		狎	犭丨一人	QTGW
希	乂ナ冂丨	QDMH(3)		瑕	王コ丨又	GNHC(3)
兮	八一丂	WGNB		虾	虫一卜	JGHY
汐	氵夕	IQY		厦	厂丆目夂	DDHT(3)

匪	匚甲	ALK		掀	扌斤⺈人	RRQW(3)
暇	日コ丨又	JNHC(3)		衔	彳钅二亅	TQFH(3)
霞	雨コ丨又	FNHC		线	纟戋	XGT(2)
下	一卜	GHI(2)		蚬	虫冂儿	JMQN(3)
狎	犭丨甲	QTLH(3)		岘	山冂儿	MMQN
呷	口甲	KLH		现	王冂儿	GMQN(2)
辖	车宀三口	LPDK		闲	门木	USI
遐	コ丨二辶	NHF		冼	冫丿土儿	UTFQ(3)
黠	罒土灬口	LFOK		燹	豕豕火	EEOU(3)
夏	丆目夂	DHT		宪	宀丿土儿	PTFQ(3)
罅	缶山厂	RMHH		羡	丷王冫人	UGUW(3)
拼音（xian）				鲜	鱼一丷㇀	QGUD(3)
险	阝人一丷	BWGI(3)		锨	钅斤⺈人	QRQW(3)
跣	口止丿儿	KHTQ		先	丿土儿	TFQB(3)
狝	犭丿人	QTWI		跹	口止丿辶	KHTP
馅	⺈㇄⺈臼	QNQV		苋	艹冂儿	AMQB(3)
舷	丿舟亠幺	TEYX		县	日一厶	EGCU(3)
痫	疒门木	UUSI(3)		暹	日亻主辶	JWYP(3)
筅	竹丿土儿	TTFQ		籼	米山	OMH
限	阝彐𠄌	BVEY(2)		氙	𠂉乙山	RNMJ(3)
陷	阝⺈臼	BQVG(3)		涎	氵丿止廴	ITHP
佥	亼人一丷	AWGI		贤	丨又贝	JCMU(3)
祆	礻丶一大	PYGD		咸	厂一口丿	DGKT(3)
藓	艹鱼一㇀	AQGD		显	日业一	JOGF(2)
嫌	女丷彐小	VUVO(2)		娴	女门木	VUSY(3)
鹇	门木勹一	USQG(3)		纤	纟丿十	XTFH(3)
献	十门丷犬	FMUD		弦	弓亠幺	XYXY(3)
酰	西一丿儿	SGTQ		仙	亻山	WMH(2)
腺	月白水	ERIY(3)		霰	雨艹月夂	FAET(3)
尟	彡少	ETTT(3)		**拼音（xiang）**		

蟓	虫夕曰豖	JQJE(3)	销	钅ʮ月	QIE
厢	厂木目	DSHD(3)	梢	木口一勹	SKG
箱	⺮木目	TSHF(3)	潇	氵乂ナ月	IQDE(3)
橡	木夕曰豖	SQJE(3)	崤	山乂ナ月	MQDE
葙	艹木目	ASHF(3)	嚣	口口亓口	KKDK
详	讠ʮ丿キ	YUDH(3)	哮	口土丿子	KFTB(3)
缃	纟木目	XSHG(3)	宵	宀ʮ月	PIEF(2)
响	口丿冂口	KTMK(3)	绡	纟ʮ月	XIEG(3)
巷	共八巳	AWNB(3)	硝	石ʮ月	DIEG(3)
庠	广ʮキ	YUDK	虓	口七丿儿	KATQ(3)
芗	艹幺丿	AXTR(3)	校	木六乂	SUQY(3)
想	木目心	SHNU(3)	霄	雨ʮ月	FIEF(3)
鲞	丷大鱼一	UDQG	啸	口彐小丿	KVIJ(3)
襄	亠口口𧘇	YKKE(3)	逍	ʮ月辶	IEPD(3)
饷	⺈ 丿冂口	QNTK	箫	⺮彐小丿	TVIJ
向	丿冂口	TMKD(2)	魈	白儿厶月	RQCE
像	亻夕曰豖	WQJE(3)	笑	⺮丿大	TTDU(3)
祥	礻ʮ丿キ	PYUD(3)	肖	ʮ月	IEF(2)
相	木目	SHG(2)	削	ʮ月刂	IEJH(3)
乡	幺丿	XTE	骁	马七丿儿	CATQ
骧	马亠口𧘇	CYKE(3)	孝	土丿子	FTBF(3)
香	禾日	TJF	潚	氵艹彐丿	IAVJ
镶	钅亠口𧘇	QYKE(3)	枭	勹丶鸟木	QYNS
象	夕曰豖	QJEU(3)	晓	日七丿儿	JATQ(3)
享	亠口子	YBF	萧	艹彐小丿	AVIJ(3)
缃	幺丿人𧘇	XTWE(3)	效	六乂攵	UQTY(3)
项	工丁贝	ADMY(3)	小	小丿丶	IHTY(2)
湘	氵木目	ISHG	筱	⺮亻丨攵	TWHT(3)
翔	ʮキ羽	UDNG	消	氵ʮ月	IIEG
拼音（xiao）			蛸	虫ʮ月	IJEG

拼音（xie）			谢	讠丿𠃋寸	YTMF(3)
蝎	虫曰勹乚	JJQN(3)	亵	亠才九ㄟ	YRVE(3)
泻	氵冖一	IPGG	械	木戈廾	SAAH(2)
獬	犭𠂉亻丨	QTQH	蟹	⺈用刀虫	QEVJ
协	十力八	FLWY(2)	挟	扌一丷人	RGUW(3)
邪	匚丨丿阝	AHTB	燮	火言火又	OYOC(3)
歇	曰勹人人	JQWW(3)	谐	讠匕匕白	YXXR
继	纟廿乚	XANN	楔	木三丨大	SDHD(3)
楔	木尸䒑月	SNIE(3)	廨	广⺈用丨	YQEH
渫	氵廿乚木	IANS	拼音（xin）		
卸	𠂉止卩	RHBH(3)	锌	钅辛	QUH
躞	口止火又	KHOC	薪	艹立木斤	AUSR(3)
些	止匕二	HXFF(3)	囟	丿囗乂	TLQI
邂	⺈用刀辶	QEVP	辛	辛丶一丨	UYGH
偕	亻匕匕白	WXXR	衅	丿皿丷十	TLUF(3)
薤	艹一夕一	AGQG	芯	艹心	ANU
写	冖一勹一	PGNG(3)	信	亻言	WYG(2)
屑	尸䒑月	NIED	馨	士冖几日	FNMJ(3)
懈	忄⺈用丨	NQEH(2)	欣	斤⺈人	RQWY(3)
澥	氵卜夕一	IHQG(3)	忻	忄斤	NRH
泄	氵廿乚	IANN	歆	立日⺈人	UJQW
鞋	廿⺕土土	AFFF	昕	日斤	JRH
斜	人禾丶十	WTUF	鑫	金金金	QQQF(3)
携	扌亻龵乃	RWYE	新	立木斤	USRH(3)
胁	月力八	ELWY(3)	心	心丶乚	NYNY(2)
飔	力力力心	LLLN	莘	艹辛	AUJ
撷	扌士口贝	RFKM	拼音（xing）		
榭	木丿丿寸	STMF(3)	型	一廾刂土	GAJF
缬	纟士口贝	XFKM	惺	忄日丿𠂉	NJTG(3)

附 录

腥	月日丿圭	EJTG(3)	咻	口亻木	KWSY(3)
擤	扌丿目刂	RTHJ(3)	朽	木一勺	SGNN
刑	一廾刂	GAJH	嗅	口目犬	KTHD
猩	犭丿日圭	QTJG	溴	氵丿目犬	ITHD
姓	女丿圭	VTGG(3)	锈	钅禾乃	QTEN
陉	阝又工	BCAG(3)	髹	镸彡亻木	DEW
醒	西一日圭	SGJG(3)	绣	纟禾乃	XTEN
硎	石一廾刂	DGAJ	羞	丷丯丿土	UDNF(3)
邢	一廾阝	GABH(3)	貅	爫豸亻木	EEWS(3)
悻	忄土丷十	NFUF	庥	广亻木	YWSI(3)
幸	土丷十	FUFJ(3)	馐	𠂊乚丷土	QNUF
杏	木口	SKF	岫	山由	MMG
荇	廾彳二亅	ATFH	修	亻丨攵彡	WHTE(3)
性	忄丿圭	NTGG(3)	秀	禾乃	TEB(2)
荥	廾宀水	APIU(3)	袖	衤丶由	PUMG(3)
行	彳二亅	TFHH(2)	休	亻木	WSY(2)
兴	䒑八	IWU(2)	莠	廾禾乃	ATEB
形	一廾彡	GAET(3)	拼音（xu）		
星	日丿圭	JTGF(3)	婿	女⺊疋月	VNHE(3)
拼音（xiong）			嘘	口虍七一	KHAG
匈	勹乂凵	QQBK(3)	墟	土虍七一	FHAG
胸	月勹乂凵	EQQB(2)	叙	人禾又	WTCY(3)
凶	乂凵	QBK(2)	糈	廾宀亻日	APWJ
兄	口儿	KQB(3)	稰	米⺊疋月	ONHE(3)
熊	厶月匕灬	CEXO	溆	氵人禾又	IWTC
芎	廾弓	AXB(3)	畜	亠幺田	YXLF(3)
洶	氵乂凵	IQBH	需	雨丆冂刂	FDMJ(3)
雄	ナ厶亻𰆊	DCWY(3)	须	彡丆贝	EDMY(2)
拼音（xiu）			绪	纟土丿日	XFTJ(3)
倃	亻木勹一	WSQG(3)	絮	女口幺小	VKXI(3)

恤	忄丿皿	NTLG(3)
洫	氵丿皿	ITLG
酗	西一乂凵	SGQB
许	讠𠂉十	YTFH(3)
项	王丁贝	GDMY(3)
诩	讠羽	YNG
吁	口十	KGFH
戌	厂一丨丿	DGNT(3)
胥	乛疋月	NHEF(3)
盱	目一十	HGFH(3)
徐	彳人禾	TWTY(3)
蓄	艹亠幺田	AYXL(3)
旭	九日	VJD(2)
煦	日勹口灬	JQKO
勖	日目力	JHLN(3)
栩	木羽	SNG
续	纟十乛大	XFND(3)
虚	虍七业一	HAOG(3)
序	广マ卩	YCBK(3)
醑	西一乛月	SGNE
拼音（xuan）		
痃	疒亠幺	UYXI(3)
癣	疒鱼一手	UQGD(3)
眩	目亠幺	HYXY(2)
悬	日一厶心	EGCN
揎	扌宀一一	RPGG(3)
碹	石宀一一	DPGG
绚	纟勹日	XQJG(3)
旋	方𠂉疋	YTNH(3)
喧	口宀一一	KPGG(2)
漩	氵方𠂉疋	IYTH
儇	亻囗一衣	WLGE
镟	钅方𠂉疋	QYTH
渲	氵宀一一	IPGG
喧	日宀一一	JPGG(3)
泫	氵亠幺	IYXY(3)
铉	钅亠幺	QYXY(3)
谖	讠爫二又	YEFC(3)
楦	木宀一一	SPGG(3)
璇	王方𠂉疋	GYTH
炫	火亠幺	OYXY(3)
选	丿土儿辶	TFQP
煊	火宀一一	OPGG(3)
萱	艹宀一一	APGG
宣	宀一日一	PGJG(3)
玄	亠幺	YXU
轩	车干	LFH(2)
拼音（xue）		
靴	廿丨革亻匕	AFWX
薛	艹亻口辛	AWNU
学	丷冖子	IPBF(2)
噱	口虍七豕	KHAE
泶	𫍲宀水	IPIU(3)
踅	扌斤口疋	RRKH
穴	宀八	PWU
雪	雨彐	FVF(2)
鳕	鱼一雨彐	QGFV
血	丿皿	TLD
拼音（xun）		
鲟	鱼一彐寸	QGVF(3)

汉字	五笔字根	字母
殉	一夕勹日	GQQJ(3)
岣	山勹日	MQJG
讯	讠乀十	YNFH(3)
迅	乀十辶	NFPK(3)
醺	西一丿灬	SGTO
巡	巛辶	VPV(2)
循	彳厂十目	TRFH
曛	日丿一灬	JTGO
训	讠川	YKH(2)
浔	氵彐寸	IVFY
恂	忄勹日	NQJG(3)
驯	马川	CKH
獯	犭丿丿灬	QTTO
熏	丿一罒灬	TGLO(3)
薰	艹丿一灬	ATGO
埙	土口贝	FKMY
逊	子小辶	BIPI(3)
洵	氵勹日	IQJG(3)
荀	艹勹日	AQJF(3)
徇	彳勹日	TQJG(3)
旬	勹日	QJD(2)
蕈	艹西早	ASJJ(3)
询	讠勹日	YQJG(3)
汛	氵乀十	INFH(3)
勋	口贝力	KMLN(3)
巽	巳巳廾八	NNAW(3)
窨	宀八立日	PWUJ
寻	彐寸	VFU(2)
郇	勹日阝	QJBH

Y

拼音(ya)		
汉字	五笔字根	字母
丫	丷丨	UHK
压	厂土丶	DFYI(3)
呀	口二丨丿	KAHT(2)
押	扌甲	RLH(2)
鸦	二丨丿一	AHTG
哑	口一业一	KGOG(3)
桠	木一业一	SGOG
鸭	甲勹、一	LQYG(3)
牙	二丨丿	AHTE(2)
伢	亻二丨丿	WAHT(3)
岈	山二丨丿	MAHT(3)
芽	艹二丨丿	AAHT(3)
琊	王二丨阝	GAHB
蚜	虫二丨丿	JAHT(3)
崖	山厂土土	MDFF
涯	氵厂土土	IDFF(3)
睚	目厂土土	HDFF(2)
衙	彳五口丨	TGKH(3)
哑	口一业一	KGOG(3)
痖	疒一业一	UGOG
雅	二丨丿圭	AHTY
轧	车乚	LNN
氩	气乙一一	RNGG
亚	一业一	GOG
垭	土一业一	FGOG(3)

汉字	拆分	编码	汉字	拆分	编码
娅	女一业一	VGOG(3)	阇	门夕白	UQVD
迓	⺈丨丿辶	AHTP	筵	⺮丿止廴	TTHP
砑	石⺈丨丿	DAHT(3)	蜒	虫丿止廴	JTHP
讶	讠⺈丨丿	YAHT(3)	颜	立丿彡贝	UTEM
揠	扌匚日女	RAJV	檐	木夕厂言	SQDY
拼音(yan)			阽	阝卜口	BHKG
烟	火口大	OLDY(2)	兖	六厶儿	UCQB(3)
咽	口口大	KLDY(3)	奄	大日乚	DJNB(3)
恹	忄厂犬	NDDY	偐	亻一业厂	WGOD(3)
胭	月口大	ELDY(3)	衍	彳氵二丨	TIFH(3)
崦	山大日乚	MDJN(3)	偃	亻匚日女	WAJV
淹	氵大日乚	IDJN(3)	厣	厂犬甲	DDLK(3)
焉	一止一灬	GHGO(3)	掩	扌大日乚	RDJN
菸	艹方人ン	AYWU	眼	目彐㇌	HVEY(2)
阉	门大日乚	UDJN	郾	匚日女阝	AJVB(3)
湮	氵西土	ISFG	琰	王火火	GOOY(3)
腌	月大日乚	EDJN	剡	火火刂	OOJH(3)
鄢	一止一阝	GHGB	罨	罒大日乚	LDJN
嫣	女一止灬	VGHO(3)	演	氵宀一八	IPGW(3)
言	言言言言	YYYY(3)	魇	厂犬白厶	DDRC(3)
延	丿止廴	THPD(3)	厌	厂犬	DDI
闫	门三	UDD	彦	立丿彡	UTER
妍	女一廾	VGAH(3)	谚	讠立丿彡	YUTE(3)
芫	艹二儿	AFQB	砚	石门儿	DMQN(3)
岩	山石	MDF	喭	口言	KYG
沿	氵几口	IMKG(3)	宴	宀日女	PJVF(3)
炎	火火	OOU(2)	晏	日宀女	JPVF(3)
研	石一廾	DGAH(3)	艳	三丨夕巴	DHQC(3)
盐	土卜皿	FHLF(3)	验	马人一业	CWGI(3)

堰	土匚日女	FAJV	养	丷手丶丿	UDYJ
焰	火⺈臼	OQVG(3)	氧	𠂉乙丷手	RNUD(3)
焱	火火火	OOOU	痒	疒丷手	UUDK(3)
雁	厂亻亻圭	DWWY(3)	怏	忄冂大	NMDY
滟	氵三丨巴	IDHC	恙	丷王心	UGNU(3)
酽	西一一厂	SGGD	样	木丷手	SUDH(2)
谳	讠十门犬	YFMD(3)	漾	氵丷王氺	IUGI
餍	厂犬人乚	DDWE(3)	**拼音(yao)**		
燕	廿北口灬	AUKO(2)	幺	幺乚乚丶	XNNY
赝	厂亻亻贝	DWWM	夭	丿大	TDI
拼音(yang)			吆	口幺	KXY
央	冂大	MDI(2)	妖	女丿大	VTDY(3)
泱	氵冂大	IMDY	腰	月西女	ESVG(3)
殃	一夕冂大	GQMY(3)	邀	白方夂辶	RYTP
秧	禾冂大	TMDY	铫	钅⺍儿	QIQN(3)
鸯	冂大⺈一	MDQG(3)	爻	乂乂	QQU
鞅	廿革冂大	AFMD	尧	弋丿一儿	ATGQ
扬	扌𠃌丿	RNRT(3)	肴	乂𠂊月	QDEF(3)
羊	丷手	UDJ	姚	女⺍儿	VIQN(3)
阳	阝日	BJG(2)	轺	车刀口	LVKG(3)
杨	木𠃌丿	SNRT(2)	珧	王⺍儿	GIQN(3)
炀	火𠃌丿	ONRT	窑	宀八𠂉山	PWRM(3)
佯	亻丷手	WUDH	谣	讠⺽𠂉山	YERM(3)
疡	疒𠃌丿	UNRE(3)	徭	彳⺽𠂉山	TERM
徉	彳丷手	TUDH(3)	摇	扌⺽𠂉山	RERM(3)
洋	氵丷手	IUDH(2)	遥	⺽𠂉山辶	ERMP(2)
烊	火丷手	OUDH(3)	瑶	王⺽𠂉山	GERM(3)
仰	亻匚卩	WQBH(3)	繇	⺽𠂉山小	ERMI

汉字	拆分	编码	汉字	拆分	编码
杳	木日	SJF	晔	日亻匕十	JWXF(3)
咬	口六乂	KUQY(3)	铧	钅亻匕十	QWXF(3)
窈	宀八幺力	PWXL	烨	火亻匕十	OWXF(3)
窑	宀缶	EVF	掖	扌亠亻丶	RYWY(3)
疟	疒匚一	UAGD	液	氵亠亻丶	IYWY(3)
药	艹纟勹丶	AXQY(2)	腋	月亠亻丶	EYWY
要	西女	SVF(1)	靥	厂犬匚口	DDDL
钥	钅月	QEG	**拼音(yi)**		
鹞	缶山一	ERMG	一	一	GGLL
曜	日羽亻圭	JNWY(3)	壹	士冖豆	FPGU(3)
耀	光儿羽圭	IQNY	伊	亻彐丿	WVTT(3)
拼音(ye)			衣	亠衣	YEU(2)
椰	木耳阝	SBBH(3)	医	匚亠大	ATDI(3)
噎	口士冖豆	KFPU(3)	依	亻亠衣	WYEY(3)
耶	耳阝	BBH	咿	口亻彐丿	KWVT
爷	八乂卩	WQBJ(3)	猗	犭丁大口	QTDK
邪	二丨丿阝	AHTB	铱	钅亠衣	QYEY(3)
揶	扌耳阝	RBBH(3)	揖	扌口耳	RKBG(3)
铘	钅二丨阝	QAHB	欹	大丁口人	DSKW
冶	冫厶口	UCKG(3)	漪	氵犭丁口	IQTK
野	日土龴卩	JFCB(3)	噫	口立日心	KUJN
也	也乛乚	BNHN(2)	黟	四土灬多	LFOQ
业	业一	OGD(2)	仪	亻丶乂	WYQY(3)
叶	口十	KFH(2)	圯	土巳	FNN
曳	日匕	JXE	夷	一弓人	GXWI(3)
谒	讠日勹匕	YJQN(3)	沂	氵斤	IRH
页	丆贝	DMU	宜	宀且一	PEGF(3)
邺	业一阝	OGBH(3)	怡	忄厶口	NCKG(3)

迤	⺈也辶	TBPV(3)		忆	忄乙	NNN(2)
饴	饣乚厶口	QNCK(3)		艺	艹乙	ANB
咦	口一弓人	KGXW(3)		议	讠、乂	YYQY(3)
姨	女一弓人	VGXW(2)		亦	亠小	YOU
荑	艹一弓人	AGXW(3)		弈	亠小廾	YOAJ(3)
贻	贝厶口	MCKG(3)		奕	亠小大	YODU(3)
眙	目厶口	HCKG(3)		亿	亻⺈乙	WTNN(3)
胰	月一弓人	EGXW(3)		屹	山⺈乙	MTNN
痍	疒一弓人	UGXW		异	巳廾	NAJ
移	禾夕夕	TQQY(3)		佚	亻𠂉人	WRWY(3)
遗	口丨一辶	KHGP		呓	口艹乙	KANN(3)
颐	匚丨口贝	AHKM		役	彳几又	TMCY(3)
疑	匕⺈大疋	XTDH(3)		抑	扌卬	RQBH(3)
彝	彑一米廾	XGOA(3)		译	讠又二丨	YCFH(3)
乙	乙	NNLL(3)		邑	口巴	KCB
已	已已已已	NNNN		佾	亻八月	WWEG(3)
以	乚、人	NYWY C		峄	山又二丨	MCFH(3)
钇	钅乙	QNN		怿	忄又二丨	NCFH
矣	厶⺈大	CTDU(2)		易	日勹勿	JQRR(3)
苡	艹乚、人	ANYW(3)		驿	马又二丨	CCFH(3)
舣	丿舟、乂	TEYQ		疫	疒几又	UMCI(3)
蚁	虫、乂	JYQY(3)		羿	羽廾	NAJ
倚	亻大丁口	WDSK(3)		轶	车𠂉人	LRWY(3)
椅	木大丁口	SDSK(3)		悒	忄口巴	NKCN(3)
酏	西一也	SGBN(3)		挹	扌口巴	RKCN(3)
旖	方⺈大口	YTDK		益	䒑八皿	UWLF(3)
亿	亻乙	YNN(2)		谊	讠宀且一	YPEG(3)
义	、乂	YQI(2)		埸	土日勹勿	FJQR(3)
弋	弋一丨、	AGNY		翊	立羽	UNG
刈	乂刂	QJH		翌	羽立	NUF

汉字	拆分	编码	汉字	拆分	编码
逸	勹口儿辶	QKQP	氤	𠂉乙口大	RNLD(3)
意	立日心	UJNU(3)	铟	钅口大	QLDY
溢	氵丷八皿	IUWL(3)	喑	口立日	KUJG(3)
缢	纟丷八皿	XUWL(3)	堙	土西土	FSFG(3)
诣	讠匕日	YXJG(3)	吟	口人丶𠃌	KWYN
肄	匕广大丨	XTDH	垠	土彐𫟁	FVEY(3)
裔	亠衣门口	YEMK(3)	狺	犭丿言	QTYG
瘗	疒丷丷土	UGUF	寅	宀一由八	PGMW(3)
蜴	虫日勹彡	JJQR	淫	氵爫𠂉士	IETF(3)
毅	立豕几又	UEMC(3)	银	钅彐𫟁	QVEY(3)
熠	火羽白	ONRG	鄞	廿口⺈阝	AKGB
镒	钅丷八皿	QUWL(3)	夤	夕宀一八	QPGW
劓	丿目田刂	THLJ	龈	止人凵𫟁	HWBE
殪	一夕士丷	GQFU	霪	雨氵爫士	FIEF
薏	艹立日心	AUJN	尹	彐丿	VTE
翳	匚广大羽	ATDN	引	弓丨	XHH(2)
翼	羽田廿八	NLAW(3)	吲	口弓丨	KXHH(3)
臆	月立日心	EUJN(3)	饮	𠂈𠃋⺈人	QNQW(3)
癔	疒立日心	UUJN	蚓	虫弓丨	JXHH(3)
镱	钅立日心	QUJN	隐	阝爫彐心	BQVN(2)
懿	土宀一心	FPGN	瘾	疒阝⺈心	UBQN(3)
拼音(yin)			印	𠂉一卩	QGBH(3)
因	口大	LDI(2)	茚	艹𠂉一卩	AQGB
阴	阝月	BEG(2)	胤	丿幺月乚	TXEN
姻	女口大	VLDY(3)	窨	宀八立日	PWUJ
洇	氵口大	ILDY	**拼音(ying)**		
茵	艹口大	ALDU(3)	应	广⺍	YID
荫	艹阝月	ABEF(3)	英	艹门大	AMDU(3)
音	立日	UJF	莺	艹⺈冖一	APQG(3)
殷	厂彐丨又	RVNC(3)	婴	贝贝女	MMVF(3)

瑛	王艹冂大	GAMD(3)		嬰	疒贝贝女	UMMV(3)
嘤	口贝贝女	KMMV(3)		映	日冂大	JMDY(3)
撄	扌贝贝女	RMMV(3)		硬	石一日乂	DGJQ(3)
缨	纟贝贝女	XMMV(3)		膇	月艹大女	EUDV
罂	贝贝𠆢山	MMRM(3)		拼音(yo)		
樱	木贝贝女	SMMV		哟	口纟勹丶	KXQY(2)
璎	王贝贝女	GMMV		唷	口亠厶月	KYCE(3)
鹦	贝贝女一	MMVG		拼音(yong)		
膺	广亻亻月	YWWE		佣	亻用	WEH
鹰	广亻亻一	YWWG		拥	扌用	REH
迎	卬辶	QBPK(3)		痈	疒用	UEK
茔	艹冖土	APFF		邕	巛口巴	VKCB(3)
盈	乃又皿	ECLF(3)		庸	广彐月丨	YVEH
荥	艹冖水	APIU(3)		雍	亠幺丿主	YXTY(3)
荧	艹冖火	APOU(3)		墉	土广彐丨	FYVH
莹	艹冖王丶	APGY		慵	忄广彐丨	NYVH
萤	艹冖虫	APJU(3)		壅	亠幺土	YXTF
营	艹冖口口	APKK(3)		镛	钅广彐丨	QYVH
萦	艹冖幺小	APXI(3)		臃	月亠幺主	EYXY(3)
楹	木乃又皿	SECL(3)		鳙	鱼一广丨	QGYH
滢	氵艹冖丶	IAPY		饔	亠幺饣	YXTE
滢	艹冖金	APQF		喁	口日冂丶	KJMY(3)
潆	氵艹冖小	IAPI		永	丶冂	YNII(3)
蝇	虫口日乚	JKJN(2)		甬	乛用	CEJ
赢	亠乚口丶	YNKY		咏	口丶冂	KYNI(3)
瀛	氵亠乚丶	IYNY		泳	氵丶冂	IYNI
郢	口王阝	KGBH		俑	亻乛用	WCEH(3)
颍	匕水丆贝	XIDM(3)		勇	乛用力	CELB(3)
颖	匕禾丆贝	XTDM(3)		涌	氵乛用	ICEH(3)
影	日亠小彡	JYIE				

字	拆分	编码	字	拆分	编码
恿	マ用心	CENU(3)	卣	卜口匸	HLNF(3)
蛹	虫マ用	JCEH	酉	西一	SGD
踊	口止マ用	KHCE(3)	莠	艹禾乃	ATEB(3)
用	用丿㇈丨	ETNH(2)	铕	钅ナ月	QDEG
拼音(you)			牖	丿丨一丶	THGY
优	亻ナ乚	WDNN(3)	黝	四土㐅力	LFOL
忧	忄ナ乚	NDNU(3)	又	又又又又	CCCC(3)
攸	亻丨攵	WHTY	右	ナ口	DKF(2)
呦	口幺力	KXLN(3)	幼	幺力	XLN
幽	幺幺山	XXMK(3)	佑	亻ナ口	WDKG(3)
悠	亻丨攵心	WHTN	侑	亻ナ月	WDEG(3)
尤	ナ乚	DNV	囿	口ナ月	LDED(3)
由	由丨㇈一	MHNG(2)	宥	宀ナ月	PDEF
犹	犭ナ乚	QTDN	诱	讠禾乃	YTEN(3)
邮	由阝	MBH(2)	蚴	虫幺力	JXLN(3)
油	氵由	IMG	釉	丿米由	TOMG(3)
柚	木由	SMG	鼬	臼乚彡由	VNUM
疣	疒ナ乚	UDNV	**拼音(yu)**		
莜	艹亻丨攵	AWHT(3)	迂	一十辶	GFPK(3)
莸	艹犭ナ乚	AQTN	淤	氵方人丶	IYWU
铀	钅由	QMG	瘀	疒方人丶	UYWU
蚰	虫由	JMG	于	一十	GFK(2)
游	氵方𠂉子	IYTB	予	マ亅	CBJ
鱿	鱼一ナ乚	QGDN(3)	余	人禾	WTU
猷	丷西一犬	USGD	好	女マ亅	VCBH
蝣	虫方𠂉子	JYTB	欤	一㇉一人	GNGW
友	ナ又	DCU(2)	於	方人丶	YWUY(3)
有	ナ月	DEF	盂	一十皿	GFLF(3)

臾	臼人	VWI	伛	亻匚乂	WAQY
鱼	鱼一	QGF	宇	宀一十	PGFJ(3)
俞	人一月刂	WGEJ	屿	山一勹一	MGNG(3)
渝	氵人一刂	IWGJ	羽	羽丨一、	NNYG(3)
禹	日冂丨、	JMHY	雨	雨一丨、	FGHY
竽	竹一十	TGFJ(3)	俣	亻口一大	WKGD(3)
舁	臼廾	VAJ	禹	丿口冂、	TKMY(3)
娱	女口一大	VKGD	语	讠五口	YGKG(3)
狳	犭丿人禾	QTWT	圄	口五口	LGKG
馀	夂乚人禾	QNWT(3)	庾	广臼人	YVWI
谀	讠臼人	YVWY	瘐	疒臼人	UVWI(3)
渔	氵鱼一	IQGG	寙	宀八厂丶	PWRY
萸	艹臼人	AVWU(3)	玉	王、	GYI(2)
隅	阝日冂、	BJMY(3)	驭	马又	CCY
雩	雨二勹	FFNB	吁	口一十	KGFH
嵛	山人一刂	MWGJ(3)	聿	彐二丨	VFHK
愉	忄人一刂	NWGJ(3)	芋	艹一十	AGFJ(3)
揄	扌人一刂	RWGJ	妪	女匚乂	VAQY(3)
腴	月臼人	EVWY(3)	饫	夂乚丿大	QNTD
逾	人一月辶	WGEP	育	亠厶月	YCEF(3)
愚	日冂丨心	JMHN	郁	冇阝	DEBH(3)
榆	木人一刂	SWGJ	谷	八人口	WWKF(3)
瑜	王人一刂	GWGJ(3)	鹆	八人口一	WWKG
虞	虍七口大	HAKD(3)	昱	日立	JUF
觎	人一月儿	WGEQ	狱	犭丿讠犬	QTYD
舆	亻二车八	WFLW(3)	峪	山八人口	MWWK
蝓	虫人一刂	JWGJ	浴	氵八人口	IWWK(3)
与	一勹一	GNGD(2)	钰	钅王、	QGYY

汉字	拆分	编码	汉字	拆分	编码
预	マ丆丿贝	CBDM(3)	芫	艹二儿	AFQB
域	土戈口一	FAKG	员	口贝	KMU(2)
阈	门戈口一	UAKG(3)	园	囗二儿	LFQV(3)
欲	八人口人	WWKW	沅	氵二儿	IFQN(3)
谕	讠人一刂	YWGJ	垣	土一日一	FGJG
喻	口人一刂	KWGJ	爰	⺭二丿又	EFTC(3)
寓	宀日冂丶	PJMY(3)	原	厂白小	DRII(2)
御	彳𠂉止卩	TRHB(3)	圆	囗口贝	LKMI
裕	衤八口	PUWK(3)	袁	土口𧘇	FKEU(3)
遇	日冂丨辶	JMHP(2)	援	扌⺢二又	REFC(3)
愈	人一月心	WGEN	鼋	二儿口乚	FQKN
煜	火日立	OJUG(3)	缘	纟⺕丅豕	XXEY(3)
蓣	艹マ丆贝	ACBM	塬	土厂白小	FDRI(3)
誉	⺍八言	IWYF	源	氵厂白小	IDRI(3)
毓	⺁口一儿	TXGQ	猨	犭丿土𧘇	QTFE
蜮	虫戈口一	JAKG(3)	辕	车土口𧘇	LFKE(3)
豫	マ丆⺈豕	CBQE(3)	圜	囗罒一𧘇	LLGE(3)
燠	火丿冂大	OTMD(3)	橼	木纟⺕豕	SXXE
鹬	マ丆冂一	CBTG	螈	虫厂白小	JDRI(3)
鬻	弓米弓丨	XOXH	远	二儿辶	FQPV(3)
拼音(yuan)			苑	艹夕㔾	AQBB(3)
鸢	弋勹丶	AQYG	怨	夕㔾心	QBNU(3)
冤	⺆勹口丶	PQKY(3)	院	阝宀二儿	BPFQ(3)
眢	夕㔾目	QBHF	垸	土宀二儿	FPFQ(3)
鸳	夕㔾勹一	QBQG(3)	媛	女⺢二又	VEFC
渊	氵丨米丨	ITOH(3)	掾	扌⺕豕	RXEY(3)
箢	⺮宀夕㔾	TPQB(3)	瑗	王⺢二又	GEFC
元	二儿	FQB	愿	厂白小心	DRIN
			拼音(yue)		
			曰	曰丨𠃍一	JHNG

约	纟勹丶	XQY(2)
哕	口山夕	KMQY(3)
月	月月月月	EEEE(3)
刖	月刂	EJH
岳	丘一山	RGMJ(3)
钥	钅月	QEG
悦	忄丷口儿	NUKQ(3)
钺	钅匚㇂	QANT
阅	门丷口儿	UUKQ(3)
跃	口止丿大	KHTD
粤	丿口米乙	TLON(3)
越	土疋匚㇂	FHAT(3)
樾	木土疋㇂	SFHT
龠	人一口卄	WGKA
瀹	氵人一卄	IWGA
拼音(yun)		
晕	日冖车	JPLJ(2)
氲	𠂉乙日皿	RNJL
云	二厶	FCU
匀	勹冫	QUD(2)
芸	卄二厶	AFCU
纭	纟二厶	XFCY(3)
昀	日勹冫	JQUG(3)
郧	口贝阝	KMBH(3)
耘	三小二厶	DIFC
筠	𥫗土勹冫	TFQU
允	厶儿	CQB(2)
狁	犭丿厶儿	QTCQ

陨	阝口贝	BKMY(3)
殒	一夕口贝	GQKM(3)
孕	乃子	EBF
运	二厶辶	FCPI(3)
郓	冖车阝	PLBH(3)
恽	忄冖车	NPLH(3)
酝	西一二厶	SGFC(3)
愠	忄日皿	NJLG
韫	二丨丨皿	FNHL
韵	立日勹冫	UJQU
熨	尸二小火	NFIO
蕴	卄纟日皿	AXJL(3)

Z

拼音(za)		
汉字	五笔字根	字母
匝	匚冂丨	AMHK(3)
咂	口匚冂丨	KAMH(3)
扎	扌乚	RNN
拶	扌巛夕	RVQY(3)
杂	九木	VSU(2)
砸	石匚冂丨	DAMH
咋	口𠂉丨二	KTHF
拼音(zai)		
灾	宀火	POU(2)
甾	巛田	VLF
哉	十戈口	FAKD(3)
栽	十戈木	FASI(3)

汉字	拆分	编码	汉字	拆分	编码
宰	宀辛	PUJ	早	早丨冂丨	JHNH(2)
载	十戈车	FALK(3)	枣	一冂小ヽ	GMIU
崽	山田心	MLNU(3)	蚤	又丶虫	CYJU(3)
仔	亻子	WBG	澡	氵口口木	IKKS(2)
再	一冂土	GMFD(3)	藻	艹氵口口木	AIKS(3)
在	ナ丨土	DHFD(1)	灶	火土	OFG(2)
拼音(zan)			皂	白七	RAB
糌	火夂卜日	OTHJ	唣	口白七	KRAN(3)
簪	竹匚儿日	TAQJ(3)	造	丿土口辶	TFKP
咱	口丿目	KTHG(3)	噪	口口口木	KKKS
昝	夂卜日	THJF(3)	燥	火口口木	OKKS(3)
攒	扌丿土贝	RTFM	躁	口𧾷口木	KHKS
趱	土止丿贝	FHTM(3)	拼音(ze)		
拶	扌巛夕	RVQY(3)	则	贝刂	MJH(2)
暂	车斤日	LRJF(3)	择	扌又二丨	RCFH(3)
赞	丿土儿贝	TFQM	泽	氵又二丨	ICFH(3)
錾	车斤金	LRQF(3)	责	丰贝	GMU
瓒	王丿土贝	GTFM	迮	𠂉丨二辶	THFP
拼音(zang)			啧	口丰贝	KGMY(3)
脏	月广土	EYFG(3)	帻	巾丨丰贝	MHGM
赃	贝广土	MYFG(3)	笮	竹𠂉丨二	TTHF(3)
藏	厂𠃊丿	DNDT(3)	舴	丿舟𠂉二	TETF
驵	马目一	CEGG(3)	箦	竹丰贝	TGMU
奘	𠄌丨丿大	NHDD	赜	匚丨口贝	AHKM
葬	艹一夕廾	AGQA(3)	仄	厂人	DWI
藏	艹厂𠃊丿	ADNT	昃	日厂人	JDWU(3)
拼音(zao)			拼音(zei)		
遭	一冂艹辶	GMAP	贼	贝戈ナ	MADT
糟	米一冂日	OGMJ	拼音(zen)		
凿	业丷凵	OGUB(3)	怎	𠂉丨二心	THFN

字	拆分	编码	字	拆分	编码
潛	氵覀儿日	YAQJ	栅	木冂冂一	SMMG(3)
拼音(zeng)			痄	疒𠂉丨二	UTHF
曾	丷罒日	ULJF(2)	蚱	虫𠂉丨二	JTHF
增	土丷罒日	FULJ(2)	柞	木𠂉丨二	STHF(3)
憎	忄丷罒日	NULJ(3)	榨	木宀八二	SPWF(3)
缯	纟丷罒日	XULJ(3)	**拼音(zhai)**		
罾	罒丷罒日	LULJ(3)	斋	文丆冂刂	YDMJ(3)
锃	钅口王	QKGG(3)	摘	扌亠冂古	RUMD(3)
甑	丷罒日瓦	ULJN	宅	宀丿七	PTAB(3)
赠	贝丷罒日	MULJ(2)	翟	羽亻圭	NWYF
综	纟宀二小	XPFI(2)	窄	宀八𠂉二	PWTF
拼音(zha)			债	亻圭贝	WGMY
吒	口丿七	KTAN	砦	止匕石	HXDF(3)
咋	口𠂉丨二	KTHF	寨	宀二刂木	PFJS
哳	口扌斤	KRRH	瘵	疒癶二小	UWFI(3)
喳	口木日一	KSJG(3)	祭	癶二小	WFIU(3)
揸	扌木日一	RSJG(3)	**拼音(zhan)**		
渣	氵木日一	ISJG	沾	氵卜口	IHKG(3)
楂	木木日一	SSJG(3)	毡	丿二乚口	TFNK
扎	扌乚	RNN	旃	方𠂉冂一	YTMY
札	木乚	SNN	粘	米卜口	OHKG(2)
轧	车乚	LNN	詹	夕厂八言	QDWY(3)
闸	门甲	ULK	谵	讠夕厂言	YQDY
铡	钅贝刂	QMJH(3)	瞻	目夕厂言	HQDY(3)
眨	目丿之	HTPY(3)	斩	车斤	LRH(2)
砟	石𠂉丨二	DTHF(3)	展	尸卄𧘇	NAEI(3)
乍	𠂉丨二	THFD(3)	盏	戋皿	GLF
炸	火𠂉丨二	OTHF(3)	崭	山车斤	MLRJ(2)
诈	讠𠂉丨二	YTHF	搌	扌尸卄𧘇	RNAE
咤	口宀丿七	KPTA	辗	车尸卄𧘇	RNAE

占	卜口	HKF(2)		嶂	山立早	MUJH(3)
战	卜口戈	HKAT(3)		幛	冂丨立早	MHUJ
栈	木戋	SGT		瘴	疒立早	UUJK
站	立卜口	UHKG(2)		拼音(zhao)		
绽	纟宀一处	XPGH(3)		钊	钅刂	QJH
湛	氵廿三乚	IADN(3)		招	扌刀口	RVKG(3)
颤	亠口口贝	YLKM		昭	日刀口	JVKG(3)
蘸	艹西一灬	ASGO		啁	口冂土口	KMFK(3)
拼音(zhang)				朝	十早月	FJEG(3)
张	弓丿七丶	XTAY(2)		嘲	口十早月	KFJE(3)
章	立早	UJJ		着	䒑手目	UDHF(3)
鄣	立早阝	UJBH(3)		找	扌戈	RAT(2)
嫜	女立早	VUJH		沼	氵刀口	IVKG(3)
彰	立早彡	UJET(3)		爪	厂丨丶	RHYI
漳	氵立早	IUJH		召	刀口	VKF
獐	犭丿立早	QTUJ		兆	丬儿	IQV
樟	木立早	SUJH(3)		诏	讠刀口	YVKG(3)
璋	王立早	GUJH(3)		赵	土⺝乂	FHQI(3)
蟑	虫立早	JUJH		笊	⺮厂丨丶	TRHY
仉	亻几	WMN		棹	木卜早	SHJH(3)
涨	氵弓丿	IXTY(2)		照	日刀口灬	JVKO
长	丿七丶	TAYI(2)		罩	罒卜早	LHJJ(3)
掌	丬冖口手	IPKR		肇	丶尸攵丨	YNTH
丈	大丶	DYI		拼音(zhe)		
仗	亻大丶	WDYY		蜇	扌斤虫	RRJU(3)
帐	冂丨丿丶	MHTY(3)		遮	广廿灬辶	YAOP
杖	木大丶	SDYY(3)		折	扌斤	RRH(2)
胀	月丿七丶	ETAY(3)		哲	扌斤口	RRKF(3)
账	贝丿七丶	MTAY(3)		辄	车耳乚	LBNN(3)
障	阝立早	BUJH(3)				

附　录

蛰	扌九丶虫	RVYJ
谪	讠䒑冂古	YUMD(3)
摺	扌羽白	RNRG
磔	石夕匚木	DQAS
辙	车亠厶攵	LYCT(3)
乇	丿七	TAV
者	土丿日	FTJF(3)
锗	钅土丿日	QFTJ(3)
赭	土⺌土日	FOFJ
褶	衤习羽白	PUNR
这	文辶	YPI(2)
柘	木石	SDG
浙	氵扌斤	IRRH(3)
蔗	艹广廿灬	AYAO(3)
鹧	广廿灬一	YAOG

拼音(zhen)

贞	卜贝	HMU(2)
针	钅十	QFH(2)
侦	亻卜贝	WHMY(3)
帧	冂丨卜贝	MHHM
浈	氵卜贝	IHMY(3)
珍	王人彡	GWET(2)
胗	月人彡	EWET(3)
桢	木卜贝	SHMY(3)
真	十且八	FHWU(3)
砧	石卜口	DHKG
祯	礻卜贝	PYHM
榛	艹三八十	ADWF
椹	木艹三乚	SADN

甄	西土一乙	SFGN
蓁	艹三人禾	ADWT
榛	木三人禾	SDWT
箴	竹厂一丿	TDGT
臻	一厶土禾	GCFT
溱	氵三人禾	IDWT(3)
诊	讠人彡	YWET(3)
枕	木冖儿	SPQN(3)
轸	车人彡	LWET(3)
畛	田人彡	LWET(3)
疹	疒人彡	UWEE(3)
缜	纟十且八	XFHW(3)
稹	禾十且八	TFHW
圳	土川	FKH
阵	阝车	BLH(2)
鸩	冖儿勹一	PQQG(3)
振	扌厂二𫠣	RDFE(3)
朕	月䒑大	EUDY
赈	贝厂二𫠣	MDFE
镇	钅十且八	QFHW
震	雨厂二𫠣	FDFE(3)

拼音(zheng)

争	𠂊彐丨	QVHJ(2)
征	彳一止	TGHG(3)
怔	忄一止	NGHG(3)
峥	山𠂊彐丨	MQVH(3)
挣	扌𠂊彐丨	RQVH
狰	犭𠂊	QTQH
钲	钅一止	QGHG
睁	目𠂊彐丨	HQVH(3)

字	拆分	编码	字	拆分	编码
铮	钅⺈彐	QQVH(3)	直	十且	FHF(2)
筝	⺮⺈彐	TQVH	值	亻十且	WFHG
蒸	艹了氺	ABIO(3)	填	土十且	FFHG
徵	彳山一攵	TMGT	职	耳口八	BKWY(2)
拯	扌了㐅一	RBIG(3)	植	木十且	SFHG
整	一口小止	GKIH	殖	一夕十且	GQFH(3)
正	一止	GHD	絷	扌九、小	RVYI
证	讠一止	YGHG(3)	跖	口止石	KHDG
诤	讠⺈彐	YQYH	摭	扌广廿灬	RYAO(3)
郑	䒑大阝	UDBH(3)	蹠	口止⺶阝	KHUB
政	一止攵	GHTY(3)	止	止丨丨一	HHHG(2)
症	疒一止	UGHD(3)	只	口八	KWU(2)
拼音(zhi)			旨	匕日	XJF(2)
之	之之之之	PPPP(2)	纸	纟⺁七	XQAN(3)
支	十又	FCU(2)	址	土止	FHG
卮	厂一巳	RGBV	芷	艹止	AHF
汁	氵十	IFH	祉	礻、止	PYHG(3)
芝	艹之	APU(2)	咫	尸丶口八	NYKW(3)
吱	口十又	KFCY(3)	指	扌匕日	RXJG(3)
枝	木十又	SFCY(3)	枳	木口八	SKWY(3)
知	⺁大口	TDKG(2)	轵	车口八	LKWY(3)
织	纟口八	XKWY(3)	趾	口止	KHHG(3)
肢	月十又	EFCY(3)	黹	业一丷小	OGUI
栀	木厂一巳	SRGB	酯	西一匕日	SGXJ(3)
祇	礻、⺁	PYQY	至	一厶土	GCFF(3)
胝	月⺁七、	EQAY(3)	志	士心	FNU(2)
脂	月匕日	EXJG(2)	忮	忄十又	NFCY
蜘	虫⺁大口	JTDK	豸	⺢彡	EER
执	扌九、	RVYY(3)	制	⺈冂丨刂	RMHJ
侄	亻一厶土	WGCF	帙	冂丨⺧人	MHRW

附 录

帜	冂丨口八	MHKW
治	氵厶口	ICKG(3)
炙	夕火	QOU(2)
质	厂十贝	RFMI(3)
郅	一厶土阝	GCFB
峙	山土寸	MFFY(3)
栉	木艹卩	SABH(3)
陟	阝止小	BHIT(3)
挚	扌九丶手	RVYR
桎	木一厶土	SGCF
秩	禾𠂉人	TRWY(3)
致	一厶土攵	GCFT
贽	扌九丶贝	RVYM
轾	车一厶土	LGCF(3)
掷	扌丷大阝	RUDB
痔	疒土寸	UFFI
窒	宀八一土	PWGF(3)
鸷	扌九丶一	RVYG
彘	彑一匕匕	XGXX(3)
智	𠂉大口日	TDKJ
滞	氵一巾丨	IGKH(3)
痣	疒士心	UFNI
蛭	虫一厶土	JGCF(3)
骘	阝止少一	BHIC
稚	禾亻𠁣	TWYG(3)
置	罒十且	LFHF
雉	𠂉大亻𠁣	TDWY
膣	月宀八土	EPWF
觯	𠂎用丷十	QEUF(3)
踬	口止厂贝	KHRM

拼音(zhong)

中	口丨	KHK(1)
忠	口丨心	KHNU(3)
盅	口丨皿	KHLF(3)
钟	钅口丨	QKHH
终	纟冬丶	XTUY(3)
衷	亠口丨𧘇	YKHE
忪	忄八厶	NWCY(3)
锺	钅丿一土	QTGF
螽	冬丶虫虫	TUJJ
肿	月口丨	EKHH(2)
种	禾口丨	TKHH(3)
冢	冖豕丶	PEYU(3)
踵	口止丿土	KHTF
仲	亻口丨	WKHH
众	人人人	WWWU(3)
重	丿一日土	TGJF(3)

拼音(zhou)

州	丶丿丨	YTYH
舟	丿舟	TEI
周	冂土口	MFKD(3)
洲	氵丶丿	IYTH(3)
粥	弓米弓	XOXN(3)
诌	讠⺈彐	YQVG
䐩	口冂土口	KMFK(3)
妯	女由	VMG(2)
轴	车由	LMG(2)
碡	石𠂉冂氵	DGXU(3)
肘	月寸	EFY
帚	彐冖冂丨	VPMH(3)

纣	纟寸	XFY		逐	豕辶	EPI
咒	口口儿	KKMB(3)		舳	丿舟由	TEMG
宙	宀由	PMF(2)		瘃	疒豕丶	UEYI(3)
绉	纟勹彐	XQVG(3)		躅	口止罒虫	KHLJ
昼	尺丶日一	NYJG(3)		主	、王	YGD(1)
胄	由月	MEF		拄	扌丶王	RYGG(3)
荮	艹纟寸	AXFU(3)		渚	氵土丿日	IFTJ(3)
皱	勹彐广又	QVHC		属	尸丿口丶	NTKY(3)
酎	西一寸	SGFY		煮	土丿日灬	FTJO
骤	马耳又水	CBCI(3)		嘱	口尸丿丶	KNTY(3)
籀	竹扌冖田	TRQL		麈	广口丨王	YNJG
拼音(zhu)				伫	亻宀一	WPGG(2)
朱	亡小	RII(2)		住	亻丶王	WYGG
侏	亻亡小	WRIY(3)		助	日一力	EGLN(3)
诛	讠亡小	YRIY(3)		苎	艹宀一	APGF
邾	亡小阝	RIBH(3)		杼	木亅丅	SCBH(3)
洙	氵亡小	IRIY(3)		注	氵丶王	IYGG(2)
茱	艹亡小	ARIU(3)		贮	贝宀一	MPGG(3)
株	木亡小	SRIY(3)		驻	马丶王	CYGG(2)
珠	王亡小	GRIY(2)		柱	木丶王	SYGG(3)
诸	讠土丿日	YFTJ(3)		炷	火丶王	OYGG(3)
猪	犭丿土日	QTFJ		祝	礻口儿	PYKQ(3)
铢	钅亡小	QRIY(3)		疰	疒丶王	UYGD
蛛	虫亡小	JRIY(3)		著	艹土丿日	AFTJ(3)
楮	木讠土日	SYFJ		蛀	虫丶王	JYGG(3)
潴	氵犭丿日	IQTJ		筑	竹工几丶	TAMY(3)
橥	犭丿土木	QTFS		铸	钅三丿寸	QDTF
竹	竹丿一丨	TTGH(3)		箸	竹土丿日	TFTJ(3)
竺	竹二	TFF		翥	土丿日羽	FTJN
烛	火虫	OJY(2)		**拼音(zhua)**		

抓	扌厂丨八	RRHY		椎	木亻圭	SWYG(3)
挝	扌寸辶	RFPY(3)		锥	钅亻圭	QWYG(3)
爪	厂丨八	RHYI		佳	亻圭	WYG
拼音(zhuai)				坠	阝人土	BWFF
转	车二厶	LFNY(3)		缀	纟又又	XCCC(3)
拽	扌日匕	RJXT(3)		惴	忄山厂刂	NMDJ
拼音(zhuan)				缒	纟冂辶	XWNP
专	二厶丶	FNYI(3)		赘	青攵贝	GQTM
砖	石二厶丶	DFNY		**拼音(zhun)**		
颛	山厂冂贝	MDMM		肫	月一凵乚	EGBN(3)
转	车二厶丶	LFNY(3)		屯	一凵乚	GBNV(3)
啭	口车二丶	KLFY		窀	宀八一乚	PWGN
赚	贝丷彐小	MUVO(3)		谆	讠亠子	YYBG
撰	扌巳巳八	RNNW		准	冫亻圭	UWYG(3)
篆	竹彑豖	TXEU(3)		**拼音(zhuo)**		
馔	夂乚巳八	QNNW		拙	扌山山	RBMH(3)
传	亻二厶丶	WFNY		倬	亻卜早	WHJH
拼音(zhuang)				捉	扌口龰	RKHY(3)
庄	广土	YFD		桌	卜日木	HJSU(3)
妆	爿女	UVG(2)		焯	火卜早	OHJH(3)
桩	木广土	SYFG(3)		涿	氵豖丶	IEYY
装	爿士冖衣	UFYE(3)		卓	卜早	HJJ
奘	爿丨厂大	NHDD		灼	火勹丶	OQYY(3)
壮	爿士	UFG		茁	艹山山	ABMJ(3)
状	爿犬	UDY		斫	石斤	DRH
撞	扌立日土	RUJF(3)		浊	氵虫	IJY(2)
幢	冂丨立土	MHUF(3)		浞	氵口龰	IKHY
拼音(zhui)				酌	西一勹丶	SGQY(3)
追	亻冂冂辶	WNNP		啄	口豖丶	KEYY
骓	马亻圭	CWYG		琢	王豖丶	GEYY(3)

汉字	拆分	编码	汉字	拆分	编码
诼	讠豕丶	YEYY(3)	籽	米子	OBG(2)
襡	衤丶ソ川	PYUO	姊	女丿ㄅ丿	VTNT
擢	扌羽亻主	RNWY	秭	禾丿ㄅ丿	TTNT
濯	氵羽亻主	INWY(3)	秄	三小子	DIBG(3)
镯	钅四勹虫	QLQJ	第	竹丿ㄅ丿	TTNT
拼音(zi)			呲	廿此匕	AHXB(3)
吱	口十又	KFCY(3)	訾	此匕言	HXYF(3)
孜	子夂	BTY	梓	木辛	SUH
兹	丷幺幺	UXXU(3)	紫	此匕幺小	HXXI(3)
咨	冫久人口	UQWK	渍	氵宀辛	IPUH(3)
姿	冫久人女	UQWV	字	宀子	PB(2)
赀	此匕贝	HXMU(3)	自	丿目	THD
资	冫久人贝	UQWM	恣	冫久人心	UQWN
淄	氵巛田	IVLG(3)	渍	氵丰贝	IGMY(3)
缁	纟巛田	XVLG(3)	眦	目此匕	HHXN(3)
谘	讠冫久口	YUQK(3)	**拼音(zong)**		
孳	丷幺幺子	UXXB	枞	木人人	SWWY(3)
嵫	山丷幺幺	MUXX(3)	宗	宀二小	PFIU(3)
滋	氵丷幺幺	IUXX(3)	综	纟宀二小	XPFI(2)
粢	冫久人米	UQWO	棕	木宀二小	SPFI(2)
辎	车巛田	LVLG(3)	腙	月宀二小	EPFI
觜	此匕夂用	HXQE(3)	踪	口止宀小	KHPI(3)
赼	土𣥂冫人	FHUW	鬃	镸彡宀小	DEPI(3)
镏	钅巛田	QVLG(3)	总	丷口心	UKNU(3)
龇	止人凵匕	HWBX	傯	亻勹彡心	WQRN
髭	镸彡此匕	DEHX(3)	纵	纟人人	XWWY(3)
鲻	鱼一巛田	QGVL	粽	米宀二小	OPFI
訾	此匕言	HXYF(3)	**拼音(zou)**		
子	子子子子	BBBB(2)	邹	夂阝	QVBH(3)
仔	亻子	WBG	驺	马夂ヨ	CQVG(3)

诹	讠耳又	YBCY(3)		罪	罒三丨三	LDJD(3)
陬	阝耳又	BBCY(3)		蕞	艹日耳又	AJBC(3)
鄹	耳又丿阝	BCTB		醉	酉一丷十	SGYf
走	土龰	FHU		**拼音(zun)**		
奏	三人一大	DWGD(3)		尊	丷西一寸	USGF(3)
揍	扌三人大	RDWD		遵	丷西一辶	USGP
榛	木三人大	SDWD		樽	木丷西寸	SUSF
拼音(zu)				鳟	鱼一丷寸	QGUF
租	禾且一	TEGG(3)		撙	扌丷西寸	RUSF(3)
菹	艹氵且一	AIEG(3)		**拼音(zuo)**		
足	口龰	KHU		嘬	口日耳又	KJBC(3)
卒	亠人人十	YWWF		昨	日𠂉丨二	JTHF(3)
族	方𠂉𠂉大	YTTD(3)		筰	竹𠂉丨二	TTHF(3)
镞	钅方𠂉大	QYTD		琢	王豖丶	GEYY(3)
诅	讠且一	YEGG(3)		左	ナ工	DAF(2)
阻	阝且一	BEGG		佐	亻ナ工	WDAG(3)
组	纟且一	XEGG(3)		撮	扌日耳又	RJBC(3)
俎	人人且一	WWEG		作	亻𠂉丨二	WTHF(2)
祖	礻丶且一	PYEG(3)		阼	阝𠂉丨二	BTHF(3)
拼音(zuan)				怍	忄𠂉丨二	NTHF(3)
蹲	口止丿贝	KHTM		坐	人人土	WWFF(3)
缵	纟丿土贝	XTFM		柞	木𠂉丨二	STHF(3)
纂	竹目大小	THDI		祚	礻丶𠂉丨二	PYTF(3)
钻	钅卜口	QHKG(3)		胙	月𠂉丨二	ETHF(3)
攥	扌竹目小	RTHI		唑	口人人土	KWWF(3)
拼音(zui)				座	广人人土	YWWF(3)
咀	口且一	KEGG(3)		做	亻古攵	WDTY(3)
觜	此匕𠂆用	HXQE(3)		酢	酉一𠂉二	SGTF	
嘴	口此匕用	KHXE(3)				
最	曰耳又	JBCU(2)				